AF241110

DISSERTATION

SUR LA GÉNÉRATION,

LES ANIMALCULES SPERMATIQUES,

ET CEUX D'INFUSIONS.

SE TROUVE A PARIS,

Chez

- Debure l'aîné, Libraire de la Bibliothèque nationale, rue Serpente, n°. 6.
- Plassan, Imprimeur-Libraire, rue du Cimetière St.-André-des-Arts, n°. 10.
- Detterville, Libraire, rue du Battoir.
- Fuchs, Libraire, rue des Mathurins, hôtel de Clugny.
- Bossange, Masson et Besson, Libraires, maison et rue des Mathurins.
- Treutell et Wurtz, Libraires, à Paris, quai de Voltaire, et à Strasbourg.
- Villiers, Libraire, rue des Mathurins, n°. 396.

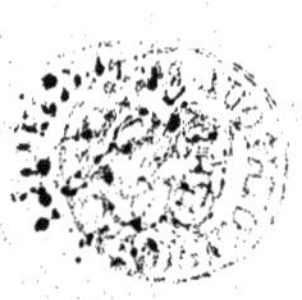

DISSERTATION

SUR LA GÉNÉRATION,

LES ANIMALCULES SPERMATIQUES,

ET CEUX D'INFUSIONS,

AVEC DES OBSERVATIONS MICROSCOPIQUES SUR LE SPERME, ET SUR DIFFÉRENTES INFUSIONS.

PAR LE BARON DE GLEICHEN.

Ouvrage traduit de l'allemand, orné de trente-quatre Planches, dont plusieurs enluminées.

La science n'est pas pour donner jour à l'ame
qui n'en a point, ni pour faire voir un aveugle.
MONTAGNE.

A PARIS,

DE L'IMPRIMERIE DE DIGEON,

GRANDE-RUE-VERTE, FAUBOURG HONORÉ, N°. 1126.

AN VII.

PRÉFACE.

Les observations microscopiques , ainsi que celles des voyageurs, ne produisent souvent que doute et incrédulité dans l'esprit de ceux qui n'ont pas vu les objets par eux-mêmes ; et dans d'autres , dominés par un penchant insurmontable pour la contradiction , une haine innée et invétérée pour toute nouveauté qui contrarie des principes presque nés avec nous ou acquis par l'étude. L'aspect effrayant du renversement de l'édifice de notre savoir, la nécessité de descendre de quelques degrés de la hauteur où nous a placés notre imagination, et la singularité des nouvelles découvertes, sont autant de sources des doutes qu'elles nous inspirent. Combien n'en est-il pas qui rejettent la réalité dont leurs yeux sont frappés , pour se repaître d'idées métaphysiques , de vieilles traditions et de chimères ; qui trouvent bien plus commode de badiner avec leurs idées, de se jouer de mots, que de s'occuper d'observa-

A

tions microscopiques, sur - tout de celles qui exigent de la suite; qui quand ils se déterminent à manier le microscope, le font d'une manière gauche et absolument dépourvue d'intelligence ? Je ne parle pas de ces esprits bornés qui ne peuvent pas concevoir comment on peut, sans blesser sa conscience, se hasarder à rendre publiques certaines observations, et à qui, comme à des enfans, la moindre chose soulève le cœur, et fait faire la grimace.

La plupart de nos découvertes ne paroissent pas non plus faites pour le tems qui les a vu naître.

La physique, sur-tout la microscopique, est encore au berceau; et comme le dit Leibnitz, nous ne sommes que d'hier à cet égard. C'est à une postérité plus éclairée et libre de préjugés et d'illusions, qu'il est réservé de jouir des biens dont nous n'avons encore que la possession : elle verra, elle lira, avec étonnement, l'histoire étrange de nos doctes opinions, de nos disputes, de nos conjectures et de nos contradictions sur un même sujet; et sur les choses les plus palpables elle l'aura lue, mais en grande partie, pour ne plus la lire. De quels sentimens de pitié ne sera-t-elle pas affectée, en considérant la nature ainsi embarrassée par les entraves de nos divers systêmes ?

Les objets vers lesquels nous nous portons, ne nous occupent pas toujours sérieusement ; nous nous arrêtons à leur superficie, nous nous y promenons, nous en aimons la forme et la couleur, nous négligeons l'essentiel, le grand et le vrai. Si lorsque nos voyageurs reviennent des pays lointains, notre curiosité nous porte à leur faire des questions, les objets d'histoire naturelle n'en sont ordinairement pas le sujet ; et malheureusement la curiosité des observateurs microscopiques n'est pas mieux dirigée.

Il paroît rarement des Lewenbocks, des Schwamerdams, des Hill. Aussi se consacrer aux observations microscopiques n'est pas chose aussi aisée que pourroient le croire ceux qui ne considèrent que dans le lointain, cette étude laborieuse. La réunion de plusieurs circonstances peut seule for-

A 2

mer un tel observateur. Sans cette réunion, les prétendues observations ne sont que des illusions, le fruit du besoin et du loisir d'une imagination creuse. La santé, la liberté, le tems, la patience, le savoir, un jugement sain, une main ferme, un œil perçant, le génie sur-tout, lui sont indispensablement nécessaires ; et sans l'œil d'un Shwamerdams, quelle main assez habile auroit pu nous transmettre les merveilles que ses observations ont découvertes. Les ouvrages précieux de ce célèbre naturaliste, ceux d'un de Geer, suédois, d'un Lyonet et d'un Hill, inimitables dans les productions de leur crayon et de leur burin, nous font sentir tout le prix du talent du naturaliste qui sait manier le crayon et le pinceau, par le degré de confiance qu'ils inspirent et qu'on peut prendre dans la vérité, la justesse et l'exactitude de leurs dessins et de leurs figures.

Qu'on ne croie pas qu'en faisant ainsi l'éloge du dessinateur, je veuille faire le mien. Si je sais distinguer le beau du médiocre, je ne sais pas moins réprimer mon amour-propre, quand il veut s'ingérer dans le jugement que je porte de mes propres ouvrages. Aussi ne douté-je point que quant à la béauté des dessins, les miens sont à peine au-dessous du médiocre ; mais quant à la vérité et l'exactitude, je puis assurer et l'on peut compter qu'ils ne le cèdent pas à ceux des plus grands maîtres : deux qualités que dans les figures d'objets tels que ceux dont il s'agit dans cet ouvrage, je crois préférables à toutes les autres. Nous ne pouvons refuser notre suffrage à un observateur qui en est doué, et ceux qui n'ayant point encore fait de découvertes de la même importance ne sont pas au rang des microscopistes, ou qui sont étrangers à cette partie de nos connoissances, doivent le croire sur sa parole ; ce seroit une vaine prétention que de vouloir le combattre, car un observateur ne peut être jugé et refuté que par un observateur qui a prouvé qu'il ne lui est pas inférieur en capacité, et qu'il est pourvu d'instrumens aussi bons que les siens. Qu'on apprécie d'après cela ce que l'on a ici à at-

tendre de moi, les vrais observateurs verront, ou
ont déjà vu ce que je leur offre dans cet ouvrage;
ainsi ils me feront grace de leurs doutes, et de
leurs questions: les autres chercheront en vain à
attirer mon attention sur les leurs ; mais le cri-
tique honnête et équitable qui demandera des
éclaircissemens sur les inductions que je tire de
mes observations, et que je fonde sur elles, me
trouvera toujours prêt à lui répondre, et disposé
à recevoir ses avis quand il aura quelque chose
de mieux à m'apprendre.

Dans l'étendue du cercle de nos connoissances
celles de nous-même, tant au morale qu'au physique, l'emportent, de l'aveu de tout le monde, sur
toutes les autres ; toutes doivent être l'objet de
nos recherches; mais c'est aux connoissances physiques que se consacrent les naturalistes : ils conviennent tous que le secret de la génération en
est l'objet le plus important, mais aussi le plus
difficile à pénétrer, attendu que chaque coup-d'œil
de l'observateur rencontre de nouvelles ténèbres
quand, à l'aide de l'instrument microscopique, il

fait un pas en avant dans le sanctuaire de la nature : je puis dire même, d'après ma propre expérience, que souvent une seule observation bien
faite renverse et anéantit tout un système fondé
sur une longue suite d'observations antérieures.
Les différentes manières d'observer, de penser,
de calculer, d'admettre, de rejeter, sont aussi
autant de sources d'obscurités et d'incertitudes,
qui jettent souvent d'habiles observateurs dans
de grands embarras. Mais l'amour de la vérité,
m'a armé d'une constance à toute épreuve dans
sa recherche, et le desir d'acquérir des connoissances, sur-tout celle du mystère de la génération,
m'a mis au-dessus de la crainte d'être frustré de
la récompense de mes travaux ; et si je n'en ai
point été détourné par les difficultés dont j'ai
parlé, et par d'autres désagrémens attachés à
l'état d'auteur; et si le goût que je me suis senti
pour cette sorte d'étude, pour cette occupation
qui a pour moi tant d'attraits, s'est soutenu ; si j'ai
négligé, si je lui ai sacrifié et à ma liberté, le
prétendu bonheur que sembloient me promettre

certaines cours , ce n'est qu'à ce penchant irré-
sistible pour l'étude , et au peu de satisfaction
que je trouve dans le néant de nos affaires et de
nos occupations journalières que je le dois.

Depuis long-tems je faisois l'usage le plus suivi
et le plus constant du microscope; presque tous
les momens que me laissoient ma famille et mes
affaires , étoient employés aux observations microscopiques. Je me suis déterminé à rassembler le résultat de mes recherches , et à rendre
sensibles à l'œil , par des figures , des objets
qui sont hors de sa portée naturelle, et à me former, par leur description, et par le détail de mes
recherches , un dépôt auquel je pusse avoir recours au besoin. Mon instruction fut d'abord
mon unique but ; mais curieux de savoir ce
qu'on penseroit de mon travail , je me laissai
séduire, et je le communiquai à quelques con-
noisseurs de mes amis , dont le suffrage et la
persuasion me rendirent auteur bien contre
mon attente.

Pour plus de clarté, je divise cette dissertation
en

en trois parties. Les deux premières forment la dissertation proprement dite ; elle a pour base la suite d'observations que j'ai rassemblées dans la troisième partie, qui est précédée de quelques détails sur la méthode que j'ai suivie dans mes recherches sur les liqueurs, et particulièrement sur celles d'infusion. On peut entiérement compter, comme je l'ai dit, sur l'exactitude du dessein de mes figures ; elles sont toutes d'après les originaux, tels que je les ai vus au microscope ; et quand je n'ai point fait usage de la plus forte lentille, N^o. oo, j'indique, selon ma coutume, par un chiffre romain , celle dont je me suis servi.

Celles de ces observations qui offrent des cristaux , sont , je crois, les plus nouvelles. A l'exception de M. Ellis, je ne connois aucun microscopiste qui les ait apperçus ; peut-être serviront-ils à faire de nouvelles découvertes en histoire naturelle. J'en avois déjà vu souvent dans des infusions de chanvre et de pois , mais pas aussi souvent que je l'aurois souhaité, pour que la publication de leur découverte pût être appuyée par des expériences suffisantes ; mais les ayant vus en quantité, tant dans différens vieux spermes d'animaux, conservés dans des vaisseaux de verre, que dans des infusions de graines de plantes, je crus que je devois en donner au public la figure et la description, et que je pouvois les lui présenter sous le nom de *cristaux d'infusions*.

Quand on aura lu ce que j'en dis, il sera aisé de voir qu'ils ne sont jusqu'ici demeurés inconnus à tant d'habiles observateurs, que parce que les observations qu'ils ont faites, sur une même infusion, n'ont pas été continuées aussi long-tems que les miennes. Les cristaux ne paroissent ordinairement que dans des infusions vieilles de quelques semaines, et même de quelques mois. De savans amis, à qui je fis part de ces nouveaux phénomènes, n'ont pu dissimuler leur doute, principalement sur l'insolubilité des cristaux. Peut-être doutent-ils encore ; mais je pourrois en citer d'autres, qui ont vu de leurs propres yeux et admiré tout ce qui avoit paru si incroyable aux premiers. Toutes les infusions ne donnent pas de ces

cristaux. On les verra une fois, par exemple,
dans une infusion de grains, tandis que dans
une autre infusion faite des mêmes grains
et aussi ancienne, on n'en apperçoit pas. Ils se
trouvent ordinairement dans la pellicule formée
à la surface de l'infusion. Cette singularité m'engagea à en chercher dans d'autres liqueurs,
et raisonnant par analogie, je commençai par
la lessive des savonniers. Mes conjectures se
vérifièrent ; je vis presque les mêmes cristaux,
mais non sous un aussi grand nombre de
formes différentes, et qui, comme les autres,
n'étoient pas solubles à l'esprit de vin ; ils per-
doient toute leur transparence par l'évaporation de leur humidité, et l'addition d'eau fraîche ou de la lessive même ne la leur rendoit
pas ; ils se dissipoient même quand la dessication s'en faisoit par la chaleur ; au lieu que
dans les cristaux d'infusion aucune de ces circonstances n'avoit lieu. Ceux - là paroissoient
plutôt dans une lessive étendue avec un peu
d'eau, que dans une lessive trop forte ; à la

simple vue, ils paroissoient comme une poussière à la surface; mais ils se dissipoient de nouveau pour ne plus reparoître. Quelquefois aussi après l'évaporation de la lessive, ils formoient des figures que l'on ne pourroit mieux représenter que par les rameaux effeuillés du coudrier.

Mon but principal, dans la publication de cet ouvrage, n'étant, au reste, que d'ajouter quelque chose à nos connoissances sur les animalcules spermatiques, sur la génération, et à l'histoire des êtres surprenans, que nous nommons *animalcules d'infusion*, non-seulement je ne l'atteindrois pas en n'offrant à mes lecteurs qu'une froide description et des figures mortes, mais je m'écarterois aussi des devoirs d'un observateur, qui sont bien différens de ceux d'un simple spectateur de la nature. Peut-être cependant n'ai-je pas employé des couleurs aussi vives que le demanderoit l'importance du sujet que je traite; mais ayant toujours éprouvé que le connoisseur préfère la correction du dessein

dans un tableau , à l'éclat du coloris , je me
suis toujours plus appliqué à bien saisir mon
sujet qu'à le faire briller. Si les ombres et les
jours ne sont pas constamment bien distribués ,
et si l'ordonnance des figures du tableau n'est pas
toujours conforme aux règles de l'art , le grand
nombre d'objets que j'ai eu à représenter dans
des bornes étroites en est la cause.

J'avouerai aussi , sans peine , que je n'aurois pas osé m'engager dans des recherches
et des observations aussi difficiles , si j'en avois
connu d'abord toutes les difficultés , comme je
les connois maintenant. Je n'ignore pas non
plus que je n'en ai surmonté que les moindres, et
que je n'ai que trop souvent manqué le but
auquel je voulois atteindre ; mais dans la recherche des voies secrètes de la nature , l'esprit le plus éclairé a aussi ses ténèbres : si donc
de tems en tems elles m'ont obscurci la vue,
je compte d'autant plus sur l'indulgence des
personnes instruites , que je suis toujours disposé à reconnoître les erreurs dans lesquelles je
suis tombé.

Il est des auteurs qui ne laissent, pour ainsi dire, que deviner leur sentiment sur les objets même des connoissances physiques ; ne pouvant prendre sur eux de les exposer avec une liberté convenable, ils décèlent ainsi une timidité d'égoïste, au-dessus de laquelle doit se mettre le naturaliste, à qui rien ne doit être aussi cher que la vérité ; mais cette sorte de timidité n'est heureusement plus de saison.

DISSERTATION

SUR LA GÉNÉRATION,

LES ANIMALCULES SPERMATIQUES,

ET CEUX D'INFUSION,

AVEC DES OBSERVATIONS MICROSCOPIQUES SUR LE SPERME
ET SUR DIFFÉRENTES INFUSIONS.

SECTION PREMIÈRE.

Des Animalcules spermatiques et de la Génération.

§. 1. DE toutes les découvertes microscopiques, aucune n'a encore
fait et n'a dû faire, à cause de son importance, autant de bruit
que celle des animalcules spermatiques. On sait que Leuwenhoeck
a publié, il y a près de cent ans, sinon les premières, au moins
la plus grande partie de ces découvertes. Les recherches microscopiques ont été l'objet de l'application constante de cet habile et infatigable observateur, qui s'en est occupé dans la vieillesse même
la plus avancée (1).

(1) Backer dit que la plus forte lentille de cet observateur ne faisoit paroître
le diamétre de l'objet, que cent soixante fois plus grand : c'étoit probablement une lentille travaillée ; il a pu aussi se servir de lentilles soufflées, qui
sont plus fortes que les travaillées, et par conséquent avoir vu aussi-bien
que nous voyons avec nos microscopes ; mais, d'un autre côté, les petits
tubes de verre dont il s'est servi dans ses observations, étoient moins propres

§. 2. Quoique ses pénibles observations, ainsi que celles de plusieurs autres observateurs de ces animalcules, aient éprouvé, dans
ces derniers tems, des contradictions, des doutes et des plaisanteries que leur a suscité la célébrité du nom de Buffon, il n'en est
pas moins vrai que les premiers qui avoient mieux vu avec leurs
microscopes simples, que celui-ci avec ses microscopes composés (2),
ont apperçu de véritables animalcules, et non ses *molécules* ou
massules informes de sperme grumelé, telles qu'il les représente. La
lecture seule de la lettre de M. Ledermuller sur les animalcules spermatiques, suffit pour faire regarder comme superflu, tout ce qu'on
pourroit objecter d'ailleurs aux observations de M. de Buffon, et
pour se convaincre qu'il est nécessaire de voir avant de juger.

§. 3. Il seroit bien à désirer que les hommes célèbres, dont le nom
seul fait souvent décision, ne s'écartassent jamais de la circonspec-
tion qui doit caractériser leurs observations et leurs écrits ; ils
peuvent, par une seule fausse observation, donner naissance à
plus d'erreurs et d'inconséquences, qu'il ne s'étoit auparavant découvert de vérités. Déçus par leurs yeux, leurs lecteurs seront
conduits par un labyrinthe de conséquences erronées à des systêmes,

---

à faire voir les objets dans les liqueurs aussi clairement et aussi distinctement
que nous les voyons aujourd'hui sur le glissoir de verre, et en situation horisontale.

(2) D'après ce que dit **M.** de Buffon, dans son histoire naturelle, de l'usage
des microscopes, il paroît qu'il ne donnoit la préférence aux composés sur les
simples, que parce que l'objet étoit observé avec les premiers en situation horisontale. Il ignoroit que depuis long-tems on avoit procuré au microscope simple
l'avantage de cette situation, comme il auroit pu l'apprendre de Backer, et
que par conséquent l'inconvénient d'observer en situation verticale et contre le
jour, comme avec le microscope de Wilson, étoit écarté.

tels

tels que celui de la génération (3), exposé par M. de Buffon, dans son histoire naturelle, avec toutes les graces de l'éloquence. Nous ne pourrions nous empêcher d'admirer la peine qu'a prise ce célèbre naturaliste, pour ne pas voir, si, en examinant de près son système, nous n'étions tentés de croire, qu'il a plus cherché à y trouver, et qu'il y a plus vu les animalcules spermatiques que dans ses microscopes (4) ; ce fait est une nouvelle preuve de la facilité avec laquelle l'esprit humain peut être séduit et trompé. Il arrive encore que l'homme étant aussi enclin à suivre les autres dans la voie de l'erreur, qu'il l'est souvent à ne prendre d'autre guide que lui-même, ces systêmes imaginés par des hommes célèbres, donnent naissance à une quantité d'autres qu'élèvent ensuite des savans, qui n'ont ni l'habitude de bien voir, ni celle de voir par eux-mêmes. Il est certain que si M. de Buffon avoit été inconnu à M. Robinet, celui-ci n'auroit point avancé les choses singulières sur la génération des plantes et des animaux (5), qu'on trouve dans la seconde partie de son livre de la nature, depuis le

---

(3) M. Bonnet, dans ses *Considérations sur les corps organisés*, et M. l'abbé Spallanzani, dans ses *Dis. Phys. et Mathém.*, ont examiné scrupuleusement ce système, et en ont exposé lés côtés foibles dans leur vrai jour. Parmi les contradictions qu'a rencontrées M. de Buffon, celles de l'auteur de l'article *génération* dans l'Encyclopédie, ne sont pas les moins fortes.

(4) La simple lecture du commencement du sixième chapitre de son histoire naturelle, présente une preuve suffisante de cette vérité.

(5) Ce qu'un observateur aussi éclairé que M. de Buffon voit dans la nature, mérite une attention singulière, dit M. Robinet ; il faudroit avoir des yeux meilleurs que les siens pour se croire en droit de l'accuser d'avoir mal vu. *De la Nature*, t. I. La vue d'un homme qui voit les élémens des choses, peut-elle être aussi bornée ? (Note 37, §. 58, sect. I.ere.)

C

chapitre I.er , jusqu'au XIV.me. Cet auteur n'a certainement jamais vu d'animalcules spermatiques, et toute sa théorie de la génération ne nous permet pas de croire qu'il en ait la plus légère idée.

§. 4. Les théories que nous proposent des philosophes de cet ordre, ont cependant droit à une attention particulière de notre part ; nous ne pouvons nous y refuser, sans nous rendre coupables, envers eux , d'une négligence injurieuse. M. Schmidel, conseiller privé de la cour , et médecin du prince, à Anspach, s'est assuré depuis long-tems , par ses écrits et par sa sagacité connue dans toutes les parties de l'histoire naturelle , une place distinguée parmi ceux dont il est ici question ; il a donc droit à notre attention.

§. 5. Dans la préface qu'il a bien voulu mettre à la tête de mon dernier ouvrage sur le *règne végétal*, il laisse entrevoir qu'il n'est pas favorable au système des animalcules spermatiques , et qu'il regarde leur existence comme problématique, quoique cette existence soit reconnue par presque tous les naturalistes, et que presqu'aucun ne la revoque en doute. Dans cet ouvrage , tout mon système de la fécondation des plantes est fondé sur celui des animalcules spermatiques , auquel je l'ai lié. Comme je me crois obligé de rendre compte de ma manière de penser à ceux auxquels ont été agréables les recherches que j'ai faites sur ce sujet , je vais essayer , en reprenant les choses de plus haut, de leur faire voir que la comparaison que j'ai faite de la fécondation des plantes , avec la génération des animaux , telle qu'elle est indiquée par la découverte des animalcules spermatiques, ainsi que celle de la substance intime de la poussière des étamines des plantes, avec les animalcules spermatiques , sont le résultat des mêmes réflexions. Les éclaircissemens et les preuves dont je vais m'appuyer , sont aussi le fruit d'observations de plusieurs années , faites sans interruption , et souvent répétées avec l'attention la plus scrupuleuse.

§. 6. D'abord il paroît que M. Schmidel refuse aux animalcules le mouvement qu'il appelle hypostatique, qui est, sans doute, le mouvement spontané, si toutefois je me fais une juste idée du mot hypostatique.

§. 7. Les mouvemens divers de la quantité de petits tétards qui, récemment sortis du frai, fretillent dans l'eau, offrent en grand le spectacle que les animalcules spermatiques nous présentent en petit au microscope. Il n'est guère possible que celui qui en a joui, doute un instant que leur mouvement soit spontané, c'est-à-dire, qu'il ait son principe dans l'animal même.

§. 8. *Il en est de même des particules* vues au microscopé, dans des préparations chymiques. Des expériences suffisantes m'ont convaincu qu'un œil accoutumé à l'usage de cet instrument, n'appercevra rien dans ces préparations qui puisse lui faire soupçonner qu'il y voit quoique ce soit qui ait vie. Une chose également singulière, c'est que, dans du mout, ou dans de la bierre en pleine fermentation, ou même dans de la levure récente, on ne démêlera point au microscope le moindre mouvement, probablement parce que la fermentation y a cessé, à cause de la petitesse de la goutte qui est soumise à l'observation.

§. 9. Il est pareillement impossible que les petits globules, contenus dans des sucs récens de plantes, délayés avec de l'eau, en imposent à un observateur exercé, et qu'il les prenne pour des animalcules, parce qu'ils n'ont qu'un mouvement direct en avant, et n'ont point d'allée et de venue comme les animalcules spermatiques, qui parcourent tout le champ de la vue, et s'évitent mutuellement.

§. 10. L'évaporation fait aussi bientôt cesser tout mouvement, comme on peut le voir en observant une goutte d'esprit de vin au microscope. Après l'évaporation entière de la substance spiritueuse, les

C 2

animalcules, qui auparavant étoient agités en tous sens, sont aussi tranquilles dans le flègme restant, qu'ils avoient été animés d'abord.

§. 11. L'objection que M. Schmidel tire de l'accroissement de la vîtesse de mouvement, proportionnellement à la force amplificative des lentilles, paroissant avoir de l'importance, je vais y répondre; quant au mouvement en lui-même, qu'il s'agiroit de déterminer, je ne m'y arrête pas, n'ayant rien à y opposer; mais qu'un observateur, même commençant, en doive conclure que le mouvement d'êtres animés, qui se passe sous ses yeux, ne soit qu'une illusion optique, et non un mouvement animal réel, c'est ce que M. Schmidel ne croit pas probablement par lui-même, puisqu'on apperçoit avec la lentille la plus foible (si d'ailleurs elle est suffisante pour faire voir les animalcules) un mouvement presqu'aussi considérable d'animalcules spermatiques dans le fluide, que lorsqu'on les voit à la plus forte lentille, et que le mouvement d'un animalcule lent, à un foible grossissement, s'est toujours accru au grossissement le plus fort, dans la proportion de la différence de ce grossissement. Au défaut d'animalcules vivans, l'expérience à l'esprit de vin, dont il a été parlé, peut en fournir la meilleure preuve.

§. 12. Aussi me persuaderois-je difficilement qu'un observateur accoutumé à observer des liqueurs au microscope, puisse d'abord prendre pour des êtres vivans, tous les corps qui y nagent, sans avoir la patience, même dans le cas de doute, de suivre constamment son observation, jusqu'à ce qu'il soit convaincu qu'ils sont animés, ou qu'ils ne le sont pas. Il doit même savoir que quand le mouvement n'est pas continu, et qu'il ne se fait que dans une seule direction, il a été produit, ou par l'action qui a placé la goutte de liqueur sur le glissoir, ou par l'inclinaison du glissoir même, ou enfin, par quelqu'autre cause extérieure; au lieu que quand il s'y trouve en

effet des êtres animés , leur mouvement lent ou prompt s'apperçoit aussi-tôt , et ne cesse qu'à la dessication entière de la goutte.
En voyant aussi qu'un animalcule spermatique ou d'infusion , par-
court en un clin-d'œil , je dirai seulement un espace égal à 20 fois
le diamètre de son corps , ou , selon le calcul de Leuwenhoeck , un
espace de 4 à 5 pouces en une demi-heure , il concevra aisément
que , quel que soit l'effet du grossissement, l'animalcule a fait cependant bien du chemin, et qu'il s'est mu avec assez de vîtesse. Certains
corps légers , tels que la poussière sèche et légère des étamines
des fleurs, dans de fort esprit de vin , pourroient seulement faire illusion à un observateur qui n'auroit vu que peu d'animalcules
spermatiques et d'infusion , et qui n'auroit pas fait attention qu'ils
évitent leur rencontre mutuelle , ou bien aussi, comme je l'ai remarqué quelquefois, qu'ils s'échappent, en ayant l'aîr de se jouer entr'eux.
Il pourroit prendre ces poussières pour des animalcules. Mais le
mouvement de ces grains de poussière est d'une toute autre espèce que le mouvement animal, comme je l'ai fait voir dans la
4me. section de mon dernier ouvrage sur le *règne végétal* ; il est
extraordinairement rapide , et se fait par choc ; ils sont emportés
en tournant sur leur axe, comme des globules, et souvent ils réjail-
lissent après s'être choqués. On ne peut donc pas dire que ce
phénomène fasse illusion à un œil exercé.

§. 13. L'évaporation de la goutte ne cause pas non plus le moindre
mouvement dans les corps qui s'y trouvent, comme peut le voir au microscope quiconque voudra attendre l'évaporation, par exemple, d'une
goutte d'eau mêlée d'une fine poussière, ou d'une infusion contenant des
animalcules privés de vie. Il est inutile de chercher par de longs discours *sur le mouvement, ou sur la cohésion des parties , qui sont
susceptibles de l'animalisation* , à prévenir en faveur des animal-

cules spermatiques celui qui cherche la vérité ; il suffit de lui faire voir les différentes figures que les naturalistes nous en ont transmises ; celles-là, non plus que celles que j'en donne ici, ne laissent aucun doute sur leur réalité, et, à l'exception de la plaisanterie dont M. de Plantade, sous le nom de *Dalempatins*, a voulu s'amuser, de son aveu même, aux dépens des observateurs crédules, qui se trouve répétée dans l'ouvrage de Vallisneri sur la génération, je n'ai pas rencontré une seule figure qui ne ressemblât parfaitement aux originaux, à la différence près, des dimensions qui ne font que peu ou rien à la chose, et à quelques minuties près.

§. 14. Quelque superflue que puisse paroître à quelques personnes la connoissance des partisans et des antagonistes des animalcules spermatiques, j'ai cru devoir donner la liste de ceux que ma foible bibliothèque a pu me fournir ; ceux qui en ont une plus nombreuse pourront aisément en remplir les vuides. Je la partage en deux classes ; mais je ne m'astreins pas à un ordre exact de chronologie. La première classe sera composée de ceux qui ont vu ces animalcules de leurs propres yeux, pour la plupart, ou qui, sur la parole d'autrui, les ont pris pour un commencement visible d'animal, ou qui leur ont supposé une autre destination. Ceux qui les ont vus sans y croire, ou qui ne les ont ni vus ni crus, formeront la seconde classe.

Dans la première classe sont : Hartsoeker, Leuwenhoeck, Schrader, Homberg, Huyggans, Hoock, Gardenius, Neuter, Geoffroy, Andry, le P. Mallebranche, Lister, Camerarius, Leibnitz, le baron de Wolf, Billinger, Plonquet, Lancisius, Pighi, Fulchi, le C. Conti, Morgagni, Bourguet, Bono, Lipstorp, Gordon, d'Alembert, Astruc, Rugsch, Vallisneri, Rudiger, Obermann, Dietricht, Backer, Boerhaave, Lieberkuhn, Maupertuis, la Mettrie, Wris-

(23)

berg, Needham, Berger, Thuning, Mglius, Winkler, Lesser, Haller, Hill, Bonnet, Carthenser, Ellis, Delins, Kradeustein, Ledermuller, de Windheim, Arnold.

Dans la seconde classe se trouvent seulement : Linnée, Buffon,
Serinci, Asch, Gust, Wolboum, Gaspar, Frederich, Wolfs,
Hallen, et le P. Della Torre, ce qui fait 55 d'une part, contre 11
de l'autre.

§. 15. Ceux à qui les ouvrages des naturalistes, qui ont observé les
humeurs spermatiques des animaux, ne sont pas familiers, deman-
deront peut-être ce que l'on voit, quand on observe au microscope
des animalcules spermatiques ; je leur répondrai qu'on y voit une
quantité innombrable de corpuscules demi-opaques de forme ovale,
avec de longues queues (6), au moins deux cent mille fois plus petits qu'un grain de millet. On voit aussi dans le sperme qui n'a
point encore été délayé avec de l'eau chaude, que les animalcules
ne paroissent que s'y traîner, et que retenues par la queue, sans
pouvoir aller en avant, ils ne font que s'agiter pour se dégager ;
au lieu que ceux qui sont dans du sperme, qui a été étendu avec

____

(6) M. Ledermuller, page 5 de son Essai pour la défense des animalcules
spermatiques, rapporte un passage d'une lettre de M. Lieberkuhn à M. Ham-
berger, qui fait voir qu'il prenoit les petites queues de ces animalcules pour
l'épine du dos, d'où il concluoit que les seuls animaux qui ont une queue,
devoient avoir des animalcules à queue ; que ceux, au contraire, de la tortue,
dont l'épine du dos et l'écaille ne sont qu'une même chose, de même que
ceux de la grenouille, qui n'a pour épine que trois os placés l'un sur l'autre,
doivent être constitués d'une manière tout-à-fait différente. J'avoue que telle
a été aussi mon opinion, jusqu'à ce que j'aie vu les animalcules spermatiques
des poissons sans queue.

de l'eau chaude , et non avec de la froide , comme a fait M. de
Buffon , parcourent en tous sens le champ de la vue , se croisant
sans se choquer ; en un mot , tous leurs mouvemens sont , comme
je l'ai dit , aussi vifs que ceux des tétards sortis du frai, auxquels ils
peuvent très-bien être comparés , quant à leur forme , ainsi qu'ils
l'ont été par plusieurs naturalistes , avec cette différence que , relativement à leur corps, leur queue est beaucoup plus longue et beaucoup plus menue que celle des tétards. On voit , enfin , ces animalcules tels-qu'ils ont été fidèlement représentés par Leuwenhoeck ,
Backer , Ledermuller , et, à peu de chose près , tels que je les ai représentés moi-même. Les spermes d'animaux, tant à sang froid, qu'à
sang chaud , m'ont offert tous ces phénomènes, non une seule, mais
une infinité de fois. Mais je n'ai jamais vu, comme M. Needham, les
animalcules spermatiques se détacher des rameaux d'une matière spermatique qui végéteroit, et en tomberoient comme le fruit mûr tombe de
l'arbre. Selon lui., ils ne sont produits qu'après l'effusion du sperme (7),
ce qui est bien peu croyable, pour quiconque a vu du sperme récemment tiré des vésicules spermatiques. S'il se trouve de ces animalcules dans du sperme vénérien, comme l'assurent M. Ledermuller
et d'autres, cela m'est inconnu ; mais , ce que je sais bien certainement, d'après deux observations , dont on n'attendra pas de moi le
détail circonstancié , c'est que , dans le sperme de deux hommes
mariés , âgés de soixante et quelques années , on n'a apperçu
aucun animalcule spermatique ; non que je croie qu'il ne puisse
s'en trouver dans des sujets d'âge encore plus avancé. J'ose cependant assurer qu'un sujet dont le sperme seroit constitué , comme

____

(7) *Nouvelles recherches sur les découvertes microscopiques*, tom. I , p. 196.

l'étoit

(25)

l'étoit celui des deux, dont je viens de parler, n'auroit pas de postérité à espérer. Cette conjecture est aussi appuyée de l'observation
de M. Andry, qui n'a pareillement trouvé aucun animalcule spermatique dans le sperme des impuissans. Mais personne connoissant
ces animalcules et les lois analogiques de la nature, ne niera que
tous les animaux mâles, depuis l'homme jusqu'au ciron, ne soient
pourvus de ces animalcules, et ne doivent l'être (8). Ainsi, dans les
mariages inféconds, les contestations qui s'élèvent entre les époux,
sur-tout si la femme a donné des preuves de fécondité dans un mariage précédent, seroient bientôt décidées, et bien des mystères
conjugaux seroient dévoilés par le secours du microscope ; mais
laissons-là la multiplication des familles, la chose est aussi délicate
qu'importante, et je ne suis pas d'humeur à m'exposer aux incon-
véniens qu'il pourroit y avoir à toucher à certains préjugés introduits par la superstition.

§. 16. De quel autre système pourrions-nous attendre un service aussi
important ? Ce ne sera ni de celui de M. de Buffon, ni de celui de
la préexistence de l'organisation dans l'œuf, dont je vais parler, que
nous pourrons attendre les moyens de résoudre les difficultés de
cette nature.

---

(8) M. Needham auroit infailliblement découvert les animalcules spermatiques dans le réservoir merveilleux de la laite de Calmar, s'il avoit observé
avec sa plus forte lentille, la liqueur qu'il vit sortir du corps spongieux, et
qui est expulsée de son réservoir par la force élastique du barillet ; mais son
microscope, dont on trouve la figure dans son ouvrage, n'étoit pas propre
pour cette observation. (Voyez *Nouvelles observations microscopiques.*) On
trouve aussi dans cet ouvrage les figures de ces organes du Calmar, de même
que dans le système de la nature de Linnée, par Muller, et dans le tome VII
des *Collections de Berlin.*

D

§. 17. Long - tems avant Vallisneri , quelques savans avoient em-
brassé l'opinion de la préexistence de l'animal dans l'œuf, que nous
voyons revivre aujourd'hui sous la protection de plusieurs philosophes modernes célèbres , tels qu'un Haller , suivi par M. Bonnet ,
naturaliste distingué et infatigable, qui paroissant d'un côté donner
de l'ame et plus d'éclat à ce sentiment, contribue de l'autre à re-
plonger la partie la plus importante de l'histoire naturelle dans son
aucien chaos d'incertitudes.

§. 18. C'est toujours avec peine que je me vois détourné par la
nature, de la route que tiennent des hommes aussi célèbres , et ce
n'est jamais sans répugnance que je me vois forcé d'être en contradiction avec eux ; mais malgré les égards que m'inspire leur mérite, quelque plaisir que j'eusse à ne les pas trouver en défaut , je
n'en suis pas moins en garde contre l'influence des égards personnels,
contre la force des préjugés, ou contre les principes dont la vérité
n'est pas démontrée ; d'un autre côté, *je me défie toujours de ma
capacité , lorsque les intérêts de la vérité* me forcent d'entrer
en lice.

§. 19. Il est évident que jamais M. Haller n'a prétendu donner
comme démontrée la préexistence du poulet dans l'œuf. Quand il y
existeroit, il n'auroit pas pu le voir avec une lentille , telle que celle
dont il a toujours fait usage dans ses observations , qui ne fait paroitre le diamètre de l'objet observé que 80 fois plus grand qu'il ne
l'est naturellement; il n'a que conjecturé cette préexistence, et il ne
l'a tirée de ses recherches que par induction (9) ; c'est cependant là-

---

(9) Il me paroît , dit-il , presque démontrable que l'embryon se trouve dans
l'œuf , et que la mére contient dans son ovaire tout ce qui est essentiel au
fœtus pour la formation du cœur dans le poulet : 2.e mémoire , p. 186.

dessus que lui et ses partisans ont établi un système fondé sur les conjectures, et sur les explications les plus bizarres. Je ne ferai mention que de quelques-unes des principales, renvoyant d'ailleurs ceux qui voudront prendre une connoissance particulière de ce système, et en examiner l'ensemble, aux ouvrages de MM. Haller (10), Bonnet (11) et Spallanzani (12).

§. 20. De ce que le jaune de l'œuf a, dans le ventre de la poule, une consistance propre et indépendante de toute communication avec le coq, M. Haller en conclut que le fœtus, quoiqu'invisible, a dû commencer à exister en même-tems que lui. M. Bonnet dit, presque dans les mêmes termes, que puisque le jaune existe dans les œufs qui n'ont pas encore été fécondés, il s'ensuit nécessairement que le germe existe avant la fécondation, ce jaune étant dans l'œuf intérieurement couvert d'une membrane, qui n'est que la continuation de celle qui couvre les intestins grêles du poussin, communiquant en même-tems avec l'estomac, la bouche, la peau, et la surpeau, et formant un tout organique (13). Enfin, M. l'abbé Spallanzani n'ayant pu découvrir aucune différence extérieure dans les œufs de grenouille fécondés ou non-fécondés, tient pour démontré que l'animalcule grenouille existe dans ses membranes avant

---

(10) Ouvrage cité dans la note précédente, p. 88.

(11) *Considérations sur la nature, et considérations sur les corps organisés.* Non-seulement dans cet ouvrage excellent et plein de choses fortement pensées, mais aussi dans tout ce que ce naturaliste distingué avance sur la génération dans ses autres ouvrages instructifs et dignes de tout éloge, la lumière y naît de toutes parts, dès que l'animalcule spermatique est pris pour le germe préexistant sur lequel porte tout son système de la génération.

(12) *Dissertations physiques et mathématiques.*

(13) Dans les ouvrages cités, note 11, où ce système est développé.

la fécondation , et que l'œuf étoit non un œuf , mais l'animalcule même (14). Il dit ailleurs que les œufs non-fécondés se corrompent et se décomposent (15). Il ajoute, dans un autre endroit, que les animalcules ou, si l'on veut, les œufs de grenouille, se développent réellement avant d'avoir été fécondés (16). Je dois avouer que cette opinion me paroît être aussi singulière et ne différer aucunement de celle qu'au-

---

(14) Note 12 , ouvrage cité.

(15) Ibid.

(16) Le seul cas rapporté dans le troisième volume du *Bresnische magazin* ; pag. 291 , d'après le *Gentleman's-magazine*, (journal anglais) de 1757 , d'un crapaud qui auroit été trouvé dans un œuf de poule , seroit une excellente réfutation de ces assertions ; mais il s'expliqueroit très-aisément dans le système des animalcules spermatiques, si , comme le dit l'auteur de la remarque, il étoit prouvé par des témoignages authentiques; il est fâcheux d'un côté, et avantageux de l'autre , qu'il faille dire la même chose dans un autre cas d'un soldat qu'on prétend s'être trouvé engrossé en 1772, à Niklasburg en Moravie. Quoiqu'il ait été rapporté , dans le journal de médecine , revêtu de toutes les circonstances vraisemblables , dont une vérité peut l'être , cette histoire n'étoit cependant que le fruit des rêveries d'un cerveau oisif, ainsi que me l'a assuré une personne qui a été à portée de s'en procurer des informations certaines. Par de pareilles plaisanteries , qui font tort à l'histoire naturelle , il peut se glisser des faussetés parmi les vérités les plus relevées. En voici un exemple dans une aventure qui s'est passée à Paris , il y a quelques années, et que je tiens d'une personne qui se trouvoit à la table du ministre , chez qui elle se passa. Pour s'amuser de la crédulité d'un autre ministre étranger, amateur d'histoire naturelle , il fit imprimer une feuille particulière de la gazette de France , dans laquelle il fit insérer le faux récit, semblable à celui de Niklasburg , et prit ses mesures pour la faire paroître sur la table, d'une manière convenable à ses vues , de sorte que sa lecture causa le plus grand étonnement. Plusieurs exemplaires de cette feuille ayant été répandus dans le public , contre l'intention du ministre , ce conte merveil-

roit conçue une personne, qui n'ayant jamais vu semer de graines, prétendroit que le tout organique des plantes préexistoit déjà dans la terre, avant qu'il ne s'y développât. Les vaisseaux déférens, les artères et les veines se trouvent aussi distribués dans le jaune d'œuf, et ainsi que le conjecture M. Haller, dans son histoire naturelle,

---

leux se trouva bientôt après inséré, mot à mot, dans le journal de médecine de Genève, où il se trouve en réserve pour donner, à l'avenir, de l'occupation aux cerveaux foibles. Voici un autre fait de même espèce, non moins ridicule, qui eut lieu, il y a environ 20 ans, dans une université d'Allemagne, et que je tiens également d'un témoin oculaire. Un professeur de médecine donnoit, dans un collège, des leçons sur la génération ; quelques mal-intentionnés, parmi ses auditeurs, s'étoient concertés avec une vieille femme, pour qu'elle le fît appeler dans le tems qu'il parloit sur ce sujet dans sa classe, et qu'elle lui montrât une grosse carpe ensanglantée, en lui racontant, d'un air éploré, que sa fille, qu'elle avoit laissée mourante dans le village le plus voisin, venoit d'en accoucher, il y avoit une demi-heure, au milieu des douleurs les plus cruelles. Elle répondit si heureusement, et avec tant de vraisemblance, à toutes les questions qu'il lui fit, que, pleinement convaincu de la possibilité du fait, il rentre dans sa classe, monte en chaire, et, avec une éloquence singulière, explique et démontre la manière dont il est possible qu'une femme enfante un poisson.

On lit aussi dans le troisième volume des *Collections de Berlin*, pag. 264, un cas singulier fort remarquable, et présenté avec toutes les apparences de la vérité ; c'est celui d'un chirurgien, nommé Engel, mort à Berlin en 1769, âgé de 39 ans, en qui on trouva, au-dessus du diaphragme, un corps adipeux, qui renfermoit une touffe de cheveux de la longueur de deux pouces, quatre dents, parmi lesquelles se trouvoit la couronne d'une molaire, et outre cela, 21 fragmens d'os de différentes grosseurs. Voici encore une autre aventure arrivée à Wurzbourg, qui, pour être un peu vieille, n'en est pas moins plaisante. Un ex-jésuite, nommé Rodrick, le même qui fit ensuite, pendant plusieurs années, la gazette de Cologne, étoit à Wurzbourg, chargé de l'édu-

ils se distribuent aussi dans l'œuf fécondé, et l'action mutuelle de leurs veines et de leurs nerfs n'a souvent lieu qu'après quelques jours d'incubation, d'où l'on doit conclure que l'animalcule, qui y a été introduit, est le principe de leur mouvement et de leur action; mais la petitesse infinie des degrés de son accroissement dans l'œuf,

---

cation des enfans de **M.** Deckart, professeur d'histoire dans l'université de cette ville. L'un et l'autre, ou, comme on le croit, le premier seul s'amusoit, dans ses heures de loisir, à composer toute sorte de pétrifications, qu'il faisoit parvenir à M. Beringer, alors médecin du prince et professeur, par de jeunes gens, à qui il avoit fait la leçon pour cela. Ceux-ci disoient qu'ils les avoient trouvées sur une montagne du voisinage, près du village Deibelstadt, à peu de distance de la ville, et se faisoient bien payer la peine qu'ils prétendoient avoir à les chercher. Ils enfouissoient de ces pierres dans la montagne, y menoient le professeur, et les en tiroient en sa présence, avec des bêches et des pèles. Enchanté d'une pareille trouvaille, le professeur se forma, de cette manière, une riche collection de pétrifications de chenilles ailées, d'araignées avec leurs toiles, de scorpions, de cancres, de grenouilles accouplées, de tortues, de cerfs volans, etc., le tout si bien marqué, que si ces animaux y avoient été appliqués vivans. Il se flattoit, en un mot, de posséder les figures les plus singulières en productions naturelles. Il ne lui fut pas possible de garder plus long-tems ce trésor à lui seul; il fit graver toutes ses raretés en 21 planches, et à l'occasion de la promotion d'un des écoliers au doctorat, il en donna une description fort érudite dans une dissertation imprimée in-folio, sous le titre de *Lithographiæ Wirceburgensis, ducentis lapidum figuratorum, a potiori insectiformium, prodigiosis imaginibus exornatæ, specimen primum, et anno* 1726. Mais M. Deckart voyant que sa plaisanterie prenoit cette tournure, fit avertir le professeur par un tiers. Alors la belle dissertation ne fut pas distribuée, comme de coutume; mais la plus grande partie des exemplaires fut soustraite de manière ou d'autre, il n'en échappa que quelques-uns qui devinrent si rares, qu'il est très-difficile d'en trouver à Wurzbourg.

sera toujours un obstacle à la satisfaction de l'œil scrutateur, qui cherchera à les y distinguer. Il peut exister ici des principes actifs, dont
nous n'avons aucune idée. On sait aussi qu'une poule pond encore
des œufs féconds, trois à quatre semaines après avoir été cochée ;
parce que probablement tous les œufs qui étoient parvenus à leur
maturité ont été fécondés tous à la fois.

§. 21. Pour écarter les objections de ceux qui opposent à ces conjectures le fait des membres visibles du père que présentent les animaux bâtards, MM. Haller et Bonnet attribuent au sperme du mâle
une force végétative d'une nature particulière, et ils en infèrent que
puisque le sperme est la matière de la barbe dans l'homme adulte,
(à quoi cependant on connoît une exception dans les peuples de
l'Amérique) ils en infèrent, dis-je, que le sperme, en vertu de sa qua-
lité stimulante, a la puissance de donner dans le ventre de la mère,
non-seulement une autre forme à certaines parties, comme, par
exemple, les pattes d'un coq, à un petit provenu d'un coq et d'une
canne (17), et à un mulet, les longues oreilles et la queue rase de
l'âne, mais même d'y former des organes absolument étrangers,
tels que le tambour du larynx, organe de sa voix désagréable,
découvert par M. Hérissant, composé d'un plus grand nombre de
parties qu'il ne l'est dans le cheval, formant ainsi deux singularités

---

(17) Dans un ouvrage sur l'histoire naturelle du duché de Lunebourg, par
M. le D. Jean Taube, pag. 257 (édition allemande), se trouve une description fort remarquable de ces bâtards : ils n'avoient de la mère que les inclinations et la structure extérieure du corps ; tout le reste, comme une partie du
bec et les pieds, ils le tenoient du père. Plusieurs petits de cette couvée
se noyèrent dans l'eau ; mais il y en eut deux qui furent élevés. *Bibliothèque physico-économique de Bechmann*, tom. I, pag. 137, édit. allem.

contraires , suppléant des parties qui manquent , et en faisant disparoître d'autres , telles que les membranes d'entre les doigts des
pattes.

§. 22. Pour m'approcher davantage de l'objet de mes recherches ,
et pour en pénétrer le secret , je m'y suis pris de différentes manières ; j'ai fait des essais que j'ai continué pendant quelques mois,
sur quantité d'œufs ; j'ai mis d'abord ensemble un lapin avec trois
jeunes poules , qui n'avoient point encore éprouvé les approches
du coq , et deux jeunes cannes avec un coq ; j'ai fait couvrir aussi
par une poule 30 œufs de cannes , pendant cinq jours , dont j'ai
ouvert chaque jour un certain nombre , de manière qu'avec ces 30
œufs , j'ai fait cinq observations sur une incubation de 24 heures ;
cinq observations sur un tems double de la première incubation ;
cinq sur une d'un tems triple , et ainsi de suite , jusqu'au sixième
jour ; j'ai employé, enfin, le moyen ingénieux de M. Bengelin (18) ,
d'échanger le blanc d'un œuf, avec celui d'un autre ; j'en ai fait l'ex-
traction par une petite ouverture , que j'ai toujours pratiquée au
petit bout de l'œuf avec toutes les précautions possibles , pour ne
point endommager la chalaze , ni endommager le jaune. Le blanc
extrait , je l'ai introduit dans un autre œuf vuidé du sien , pour le
recevoir , couvrant ensuite le bout ouvert avec une calotte tirée
du bout d'un troisième œuf, y appliquant un ciment fait de craie
et de blanc d'œuf, toujours avec le plus grand soin, pour empêcher que l'air ne s'insinuât. De cette manière j'ai fait passer les blancs
de 15 œufs de canne dans autant d'œufs de poule , et ceux de 16 à
18 œufs de poules dans 15 œufs de cannes. Pour être bien assuré
de mon fait , j'ai échangé aussi ceux de 4 œufs de poules ; tous ces

(18) *Hamburger magazin* (Magasin d'Hambourg) , tom. 19 , pag. 118.

œufs

œufs ont été donnés à couvrir à des poules et à des pigeons. Je rap-
porterai le détail du résultat de mes essais, après avoir donné celui des observations faites sur des œufs ouverts.

§. 23. Un œuf est intérieurement composé de blanc et de jaune,
d'un germe et de deux chalazes. Aristote savoit déjà que ces deux dernières parties ne sont de rien dans la génération; peut-être, sont-ce
des crochets qui servent à tenir le jaune en équilibre; je les ai observées au microscope, sous différens grossissemens, et je les ai vues
comme des rubans étroits, entrelacés l'un dans l'autre. A l'ouverture
de l'œuf le jaune ne paroît séparé du blanc par aucune membrane
particulière; mais si on l'en s'épare, il se durcit en peu de tems, au
point que l'on peut en enlever des morceaux qui, au microscope,
m'ont souvent paru comme une fine membrane qui semble être une
continuation du *chorion* et en provenir. Quand elle a acquis quelque solidité, on voit le germe ordinairement un peu enfoncé et placé
dans un creux. Après l'avoir séparé du tout par une coupure faite
en rond, avec des ciseaux, on peut l'enlever; alors elle a la forme
d'une lentille, et laisse une cavité dans le jaune. Comme le germe
des œufs de canne est plus gros que celui de poule, la séparation
s'en fait parfaitement; mais son volume est trop grand pour la plus
forte lentille, et celle dont on peut se servir pour l'observer quand
on lui a rendu sa transparence avec de l'eau, est trop foible pour
qu'on puisse découvrir l'embryon.

§. 24. Il est vraisemblable que ce germe est le premier rudiment
de l'œuf dans l'ovaire, et que la fécondation se fait, avant la naissance
ou l'assemblage des parties de l'œuf, dans la vesicule, qui, à cause de
l'augmentation de son poids, se sépare enfin de l'ovaire, d'où elle
pend comme un petit sac. Aquapendente donne le nom de pédicule
au bout pointu de ce sac, par où il tient à l'ovaire; et il conjecture

E

que l'œuf prend d'abord son blanc dans la trompe (19) , sentiment
que paroît autoriser l'inspection du jaune dans l'ovaire , où on le
trouve toujours sans blanc. Quand la fécondation est opérée, le petit germe est dilaté en forme sphérique par l'embryon, et environné
d'un anneau blanc visible ; au lieu que dans le cas contraire, il ne se
dilate point , et demeure comprimé et petit, comme on le fera voir
dans la suite.

§. 25. Voici maintenant le détail du résultat des essais du paragraphe 22, qui, malheureusement, n'ont pas répondu à mon attente.
Car, quoique les œufs de canne, couvés par des poules, m'aient procuré le plaisir de voir et d'admirer au microscope le développement journalier des embryons , et même un jour celui de remarquer la force de la vie d'un embryon de cinq jours, que j'avois baigné
dans de l'eau froide , en qui cependant continua encore pendant plus
d'une demi-heure, le double mouvement du cœur de systole et de
diastole , et qui étoit devenu aussi transparent que du verre blanc.
D'un autre côté , ma joie s'évanouit tout-à-coup quand , après avoir
eu deux premiers œufs, pondus par les cannes que le coq n'avoit
pas négligées , une fouine cruelle étrangla en une nuit le coq et les
cannes ; outre que les deux œufs qu'avoient pondus en premier lieu
les cannes , se trouvèrent stériles , je ne fus pas plus heureux avec
les œufs de poules fécondés par le lapin : il n'en résulta rien de l'incubation faite par une poule ; cependant la privauté entre le lapin
et la poule , parvint au point qu'ils devenoient inséparables ; mais
je n'apperçus point d'accouplement semblable à celui dont parle

---

(19) L'observation des œufs de grenouilles , que M. Spallanzani trouva le
premier dans la trompe de la femelle , environnés d'une humeur glaireuse ,
qui en est le blanc, paroît appuyer cette conjecture. *Mém. phys. mathém.*

(35)

M. de Reaumur , et l'auteur de la lettre écrite de Noirmoutier (20);
quant aux œufs de poule , de canne et de pigeon que j'avois remplis de blancs étrangers, ils se corrompirent, et une puanteur insupportable fut la récompense que je reçus de mes peines , à l'ouverture que j'en fis au bout de 25 jours d'incubation dont j'étois si curieux de voir l'effet. *Si par l'échange des blancs d'œufs de poules ,
avec d'autres blancs de même espèce , je n'avois prévenu tout
reproche d'erreurs commises dans les autres échanges , j'en aurois certainement conclu que les échanges étoient la première
cause du mauvais succès de ces essais ;* mais comme il se trouva
que les premiers œufs étoient aussi gâtés , cette conjecture tom-
boit d'elle-même , et il fallut en chercher une autre cause , que
je crois être le contact de l'air extérieur, avec le blanc d'œuf dont
j'avois tant cherché à le préserver : si cet échange se faisoit dans
un lieu vuide d'air , peut-être le résultat en seroit-il tout autre ; mais
cette expérience nous désabuse au moins sur l'existence d'une chose
que l'on croyoit réelle : or , personne n'ignore que la certitude
d'un fait négatif équivaut à celle d'un fait positif.

§. 26. Jetons encore un coup-d'œil sur le système de la préexistence de l'organisation dans l'œuf. Nous avons vu quelle est la base sur
laquelle ses défenseurs l'ont élevée ; nous avons vu qu'elle ne consiste
qu'en inductions adroitement présentées ; j'y ai aussi déjà répondu
d'une manière convenable ; mais essayons ici de faire voir jusqu'à
quel point les faits lui sont contraire. M. de Buffon dit, dans son histoire naturelle , qu'à l'inspection il est en état de juger si les œufs
sont fécondés ou non , parce que, dans le premier cas , la cicatri-

---

(20) *Art de faire éclore les poulets ,* tom. II , pag. 340 , et *Hist. nat.* de
M. de Buffon , tom. III.

cule du jaune paroît toujours plus grande que dans le second. Il prétend même avoir vu le petit poulet dans un œuf récent. Je ne saurois en dire autant ; mais la cicatricule d'un œuf infécondé, et j'étois assuré qu'il l'étoit, parce qu'il provenoit d'une poule qui n'avoit point été exposée aux approches du coq ; cette cicatricule, dis-je, je l'ai toujours trouvée considérablement plus petite, informe, telle qu'un petit morceau de coton, et bien différente de celle qui est environnée d'un anneau circulaire dans l'œuf fécondé, ce qué j'ai vu tant à l'œil nu qu'au microscope, et je crois que mes recherches multipliées m'ont mis en état de pouvoir dire à l'ouverture d'un œuf s'il est fécondé ou non (21).

§. 27. *L'œil ne pouvant distinguer à l'extérieur l'œuf fécondé de celui qui ne l'est pas, la cause de la fécondation doit donc en être attribuée à quelque altération précédente qui a eu lieu ou qui n'a pas eu lieu dans l'intérieur de l'œuf,* et ces phénomènes ne sont aucunement favorables à la préexistence, mais ils y sont bien plutôt contraires. On pourroit dire, il est vrai, que l'embryon poulet peut préexister dans la cicatricule, et que la fécondation ne sert qu'à le développer, à aggrandir ainsi la cicatricule et à la rendre visible ; mais la force apparente de cette objection, portant également sur le système des animalcules spermatiques, elle

---

(21) **M.** Bonnet dans ses *Considérations sur les corps organisés,* art. 31, dit que les œufs infécondés soutiennent, sans s'altérer, la chaleur de 30, 40 et 50 jours d'incubation ; mais la puanteur d'une grande quantité de ces œufs, ouverts souvent dès le cinquième et le sixième jour, m'a appris le contraire, quoique j'en aie aussi ouvert quelques-uns à cette époque, fort rarement à la vérité, que la chaleur d'incubation n'avoit point altérés, probablement parce qu'ils n'avoient point été placés dans le nid, de manière à pouvoir éprouver son action.

ne peut avoir lieu ici ; il suffit que la différence dont nous par-
lons , soit plus défavorable au système de la préexistence , qu'elle ne
le seroit dans le cas contraire, c'est-à-dire , dans celui où cette différence
ne se trouveroit pas aussi-tôt après que la fécondation a été opérée.

§. 28. C'est le cas qui a paru faire illusion à l'œil pénétrant de
M. Spallanzani, dans les observations qu'il a faites sur les œufs de
grenouilles. N'ayant pu appercevoir de différence, soit à l'extérieur
soit à l'intérieur, entre les œufs fécondés, et ceux qui ne le sont pas,
il se trouva porté à leur supposer une conformité parfaite, et à dire
qu'avant la fécondation , l'animalcule grenouille existe déjà réellement , dès avant la fécondation de ce que, selon lui , on appelle seulement œuf, et que, même dès-lors, le cœur bat dans le germe des
grenouilles. Tout ce que rapporte d'ailleurs cet habile naturaliste ,
avec beaucoup de clarté, dans ses dissertations physiques et mathématiques (22), de ses observations sur les œufs de grenouilles, je
l'ai aussi vu et remarqué dans les recherches que j'ai faites ; mais,
non plus que lui , je n'ai pas pu parvenir à voir un seul œuf de grenouilles femelles , que je tiens dans des vases particuliers (23): ce
qui a coûté la vie à diverses autres, à qui j'ai tiré les œufs hors du
corps , dans tout le cours d'un hiver , jusqu'au printems. J'ai eu

---

(22) M. l'abbé Regley a traduit de l'italien en français la partie microscopiques de ces dissertations, et l'a publiée avec les longues notes de M. Needham ,
sous le titre de *Nouvelles recherches sur les découvertes microscopiques ,
et la génération des corps organisés*, etc. Londres 1769. Les notes de M.
Needham ne renferment pas une seule observation nouvelle ; mais il s'y est
fort étendu , pour éclaircir et défendre ses précédentes observations microscopiques, qui ont paru en 1750.

(23) J'obtins cependant, un an après , assez bon nombre d'œufs de deux paires
de grenouilles déjà accouplées , que je mis , chaque paire séparément , dans

par-là occasion d'examiner et de suivre le lent accroissement des œufs ; et en hiver, tems où ils sont encore comme de petits grains blancs, couverts d'une matière glaireuse, dont on peut les dégager par le lavage, je remarquai au microscope, dans tous ceux que j'avois mis dans de l'esprit de vin, un enfoncement assez semblable à une ouverture, mais qui n'étoit plus visible dans les œufs plus gros. Enfin, au tems de la fécondation ou du frai, en Mars et Avril, ils atteignirent la grosseur qu'ils ont ordinairement alors en sortant de la femelle. Leur apparence, tant celle des fécondés, que des non-fécondés, est telle que M. Spallanzani l'a décrite, et l'on ne peut y voir la moindre différence: ils sont luisans, troubles et opaques ; mais fussent-ils aussi clairs et aussi transparens que le verre, on n'en distingueroit pas mieux au microscope, ou à la simple vue, les fécondés d'avec les stériles, et l'on n'en découvriroit pas mieux les animalcules spermatiques, qui y auroient été introduits, et encore moins ceux qu'on prétend y préexister. Et quand M. Spallanzani a cru voir, avec ses lentilles, quelque chose d'approchant dans l'humeur que rend l'œuf fécondé, quand on l'incise, il a vu plus qu'un observateur, tel que lui ne devoit s'attendre de voir, car cette humeur, comparée à l'animalcule de l'œuf récemment fécondé, y a trop peu de rapport, pour que, quand même cette humeur, ou liqueur, seroit beaucoup plus claire qu'elle ne l'est, l'on espérât de pouvoir y découvrir un être aussi petit qu'un animalcule spermatique, puisqu'avec toutes les ressources de l'art, on par-

---

deux grandes cucurbites de verre ; mais pas un seul ne fut fécondé ; au contraire, ayant été présent à la sortie des œufs hors du ventre de la femelle, je ne remarquai non plus aucune émission de semence de la part du mâle ; je n'en apperçus même aucune trace dans la suite.

vient à peine à le découvrir dans les liqueurs spermatiques de la grenouille mâle.

§. 29. Ce qu'il y a de plus singulier, et qui occupe particulièrement mon attention dans ces recherches, c'est le prompt accroissement du ver dans l'œuf. Dans tel système que ce soit, cet accroissement sera toujours un des développemens les plus prompts, qui se fassent dans la nature. Dans l'hypothèse de la préexistence, le développement rapide de l'organisation du germe, dans celle de la fécondation par les animalcules spermatiques, le même développement se fera également admirer. Un œuf de grenouille de deux jours, perd déjà la forme ronde et s'allonge ; au quatrième jour, on voit briller la tête et la queue de l'être encore inanimé ; au cinquième, les yeux paroissent, et l'animalcule actuellement développé, donne des signes de vie. La nature nous offre cependant, dans le règne végétal, des exemples d'accroissement aussi prompt dans celui du nostoc, de différens champignons, et de la moisissure ; celle-ci part d'un point d'une petitesse qui passe la conception, et en peu d'heures, souvent en 6 à 8, elle paroît aussi parfaite dans son espèce, qu'un chêne de 100 ans est parfait dans la sienne, et qu'une plante à fruit, qui a atteint son dernier degré d'accroissement (24).

§. 30. Passons du règne animal au végétal, et jetons-y quelque coup-d'œil ; peut-être y trouverons-nous des preuves encore plus claires contre le système de la préexistence des germes. Les naturalistes nous

---

(24) D'autres occupations m'ont empêché de répéter et de continuer mes observations sur la fécondation, dans la grenouille et ses œufs ; mais j'espère de les reprendre une autre fois, et de pouvoir les mettre au jour, avec des figures, que j'en ai déjà rassemblées.

fournissent tous les jours de nouvelles preuves de l'affinité étroite qui se trouve entre les deux règnes : nous avons même déjà des plantes preneuses de mouches (25). Plus nos connoissances s'étendent dans les deux règnes, plus il est évident que tout y est or: donné sur un même plan. Il y a en général une ressemblance si parfaite dans la forme des parties de la génération, que l'on peut, sans faire violence à la raison, comparer le style, son stigmate, et l'ovaire des plantes, aux parties femelles des animaux, telles que la vulve, le vagin et la matrice ; les sommets des étamines, qui sont souvent composés de deux globules aux testicules, et l'étamine elle-même, à la verge du mâle ; toute la différence consiste en ce que, dans les plantes, tout paroît renversé, et que l'émission de la semence s'y fait, non par la verge, mais par les testicules : il n'y a qu'à mettre l'animal dans une situation renversée, pour que la situation de ses parties génitales soit la même que celle des plantes. Le tableau que je donne à la fin de cette section, présentera peut-être de nouvelles ouvertures pour la comparaison des deux règnes.

§. 31. La disposition intérieure des parties s'accorde parfaitement aussi avec l'extérieure: il n'y a que l'ovaire qui, dans les plantes, est placé, non au-dehors, mais dans la matrice même ; car, à cet écart près, la trompe et les œufs s'y trouvent pareillement. Après la fécondation et l'entière maturité de la graine, le germe est aussi conservé sous autant de tuniques et de parties, que l'est l'animal prêt à naître, ou le poussin dans l'œuf: ainsi, dans les plantes,

---

(25) Joh. Ellis *de dionæa muscipulá plantá irritabili nuper detectá ad perill. Carl. a Linnée epistola.* On trouve encore dans le premier volume des *Collections de Berlin*, la description d'une autre espèce de plante animale.

la

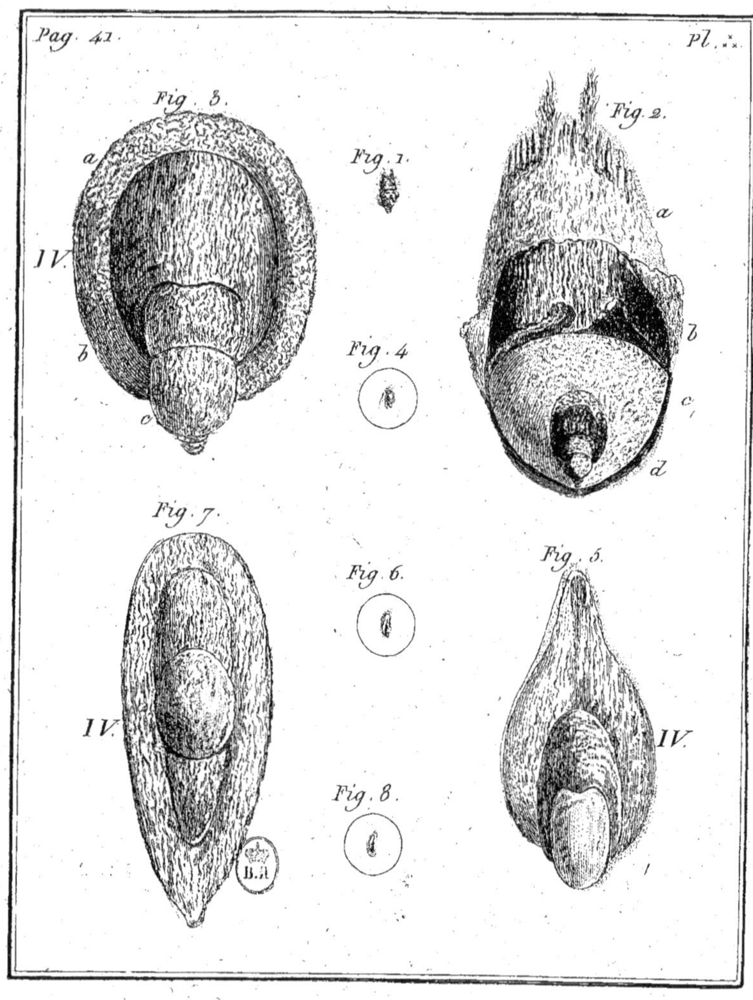

Pag. 41.
Pl.
Fig. 3.
Fig. 2.
a
Fig. 1.
a
IV.
b
Fig. 4.
b
c
o
d
Fig. 7.
Fig. 6.
Fig. 5.
IV.
IV.
Fig. 8.
B.a

la graine est l'œuf fécondé. Avant la levée du germe de la graine, il ne paroît, par exemple, dans la fève (26) aucun corps solide, et la cavité de l'œuf destinée à recevoir le germe, n'est remplie que d'une liqueur transparente, claire et très-fluide (27) ; mais, quand la fécondation est opérée, et que la graine est parvenue à sa maturité, on trouve dans la troisième classe des graines (28), telles que le froment, le seigle, etc., on y trouve, dis-je, le germe placé à l'entrée, avec son placenta, comme une partie très-distincte de toutes les autres parties de l'œuf; et l'on y voit que le pédicule, ou la radicule du germe, n'a pas son origine dans le germe, mais qu'il sort de la substance de l'œuf, et qu'il est formé des liqueurs de l'œuf qui y pénètrent, ainsi que je l'ai fait voir aussi dans la fève, et que je vais le faire voir plus clairement encore par quelques figures que j'en ai faites dans le cours de mes recherches. La *fig.* 1, *pl.* ₊*₊ est celle d'un grain de froment dont la substance n'est pas encore convertie en lait, mais qui est encore gelatineuse: je l'ai observée avec une loupe foible, *fig.* 2, où l'on voit, en *a*, la matrice repliée; sous elle, se voit de plus la tunique verte de l'arrière faix *b*, et au-dessous de celui-ci, la substance gelatineuse coagulée *c* de la farine qui doit en être formée, et sur laquelle repose le germe *d*, que je représente séparément, *fig.* 3, grossi par une quatrième lentille, et *fig.* 4 de grosseur naturelle. L'on y remarque (*fig* 8) le placenta *a*, la plantule *b*, et le fourreau *c* de la racine. La *fig.* 5 présente un grain de seigle, vu sous un grossissement semblable,

---

(26) Dans mon dernier ouvrage sur le *règne végétal*, *pl.* B, *fig.* 1, 2, 3, 4, 5, 6, 7.

(27) Ibid. §. 118.

(28) Ibid. §. 113.

F

et de grosseur naturelle , *fig.* 6. On voit enfin , *fig.* 7, un grain
d'avoine grossi par une lentille de même force, et de grosseur naturelle , *fig.* 8. Les diverses formes de ces germes peuvent fournir
plusieurs éclaircissemens importans en botanique. Ces figures font
voir, par exemple, comment il se fait que, d'une seule graine, il
sort tant de tiges, dont j'ai compté une fois 36 , produites par un
grain de seigle , l'amplitude du germe et de la graine des racines
leur fournissant assez d'espace pour s'étendre (29), (30).

§. 32. Quoique cette substance gelatineuse de l'œuf, ou la partie
farineuse de la graine future, soit destinée, quand elle sera convertie en une fine terre, que nous appelons farine, à fournir au germe
les premiers sucs végétaux, on a cependant ici la preuve évidente
que l'on y chercheroit en vain quelques vaisseaux préexistans du
germe ; et quand même on y en trouveroit , ne seroit-il pas
illusoire d'en conclure qu'ils auroient préexistés dans la graine
avec le germe, qui s'y est, au contraire , évidemment insinué du
dehors, qui en a jeté des racines, et qui, étant parvenue à la maturité, s'est détaché de la substance de l'œuf (31). Ainsi M. Needham

---

(29) Mon dernier ouvrage sur le *règne végétal* , *pl.* E , *fig.* 40 et 42. Il est
vrai que je croyois alors que la radicule du germe sortoit du petit nœud ,
auquel elle tient ; mais j'ai trouvé depuis que , comme je viens de le dire, et
de le faire voir , elle tient au corps de l'œuf , dans lequel le germe s'est insinué.

(30) Pour mieux se convaincre de la vérité de tout ce qui a été dit jusqu'ici, il suffit de considérer attentivement les grains gonflés et remplis d'une
substance gelatineuse , d'un épi de maïs resté stérile , parce qu'on a en-
levé les épis à fleurs mâles chargées de la poussière fécondante d'un épi provenu sur-tout d'un grain rouge : on n'y trouvera certainement rien qui ait
la moindre apparence de germe.

(31) En lisant , dans le même ouvrage , avec des yeux attentifs sur les

n'auroit point eu autant de tort que le croit M. Bonnet (article
37 de ses *Observations sur les corps organisés*) quand il dit, que
le jugèment de ce naturaliste n'a point été assez exact, lorsque, de
ce qu'avec les meilleures lentilles, on ne peut découvrir la graine,
ou, pour mieux dire, le germe, qu'après sa fécondation. Il a conclu que ce germe n'a pu non plus exister auparavant ; comme si
l'on disoit, que ce que l'on ne voit point encore, n'existe pas non
plus. Mais, pourroit-on demander à M. Bonnet, tout ce qu'on ne
peut encore voir, existeroit-il bien déjà ?

§. 33. En établissant une comparaison entre l'œuf et la graine,
M. Spallanzani paroît cependant avoir eu cela en vue ; mais il fait
voir par-là qu'il n'avoit point encore, au moins alors, une connoissance suffisante des parties intimes d'une graine, pour en parler
d'une manière décisive. Il dit qu'on peut, en quelque manière,
considérer la semence des plantes, comme un œuf, la graine étant
composée de deux substances, dont l'une ressemble au germe, et
l'autre au blanc de l'œuf ; que les deux substances communiquent
entr'elles par le moyen de petits vaisseaux ramifiés, comme le
blanc a communication avec le jaune ; que de même qu'il n'y a
aucun vestige de poulet dans l'œuf avant l'incubation, il ne paroît
non plus d'abord aucune marque de vie dans le germe.

§. 34. J'accorde que la graine est composée de deux substances,
en prenant le germe pour l'une des deux ; mais alors où est le blanc
de l'œuf ? je ne trouve rien dans une graine mûre qui puisse
lui être comparé. Cependant ces deux substances sont aussi distinctes

---

figures, tout mon systéme de fécondation, que je développerai davantage,
quand je le reprendrai, on y trouvera aussi beaucoup de choses qui ne peuvent s'accorder avec la préexistence des germes.

l'une de l'autre, que l'animalcule spermatique, comme nous l'avons vu, est distingué du jaune de l'œuf, avant son incubation. La comparaison ne peut donc avoir lieu à cet égard ; elle peut être faite quant à la communication entre les deux substances ; parce que , de même que le germe distribue ses racines dans la farine amollie par l'humidité dont la terre est pénétrée, de même l'animalcule spermatique étend ses vaisseaux dans le jaune de l'œuf. Mais comment peut-on comparer le défaut de traces du poulet dans l'œuf, avant l'incubation, avec le défaut de marque de vie dans la graine, avant l'animation du germe, en prenant ainsi une marque de vie pour un corps ?

§. 35. De ces recherches sur la génération , nous allons passer à quelques autres , sur la race des animaux bâtards. Nous commencerons par la plus connue, celle des mulets. L'anatomie des parties de la génération qu'a faite de cet animal M. Hebenstreit , plaît tellement à M. Bonnet, que ce naturaliste regarde sa stérilité comme démontrée , et qu'il croit que , puisqu'on n'avoit vu aucun animalcule dans le sperme de celui qu'a disséqué M. Hebenstreit (quoique cet animal ne soit pas stérile , parce que ces animalcules lui manquoient ; mais qu'ils lui manquoient , parce qu'il étoit stérile) ces petits vermisseaux , à qui on a fait jouer un si grand rôle dans l'œuvre de la génération , pourroient bien n'y être plus les acteurs principaux ; et c'est la simple inspection d'un œuf de poule qui a suffi pour anéantir ce système , et tous ceux qui ont été élevés sur cette base (32). Mais ce seroit bien autre chose , si on rétorquoit ce raisonnement, et si l'on disoit : étant démontré que

-----

(32) *Considérations sur la Nature.*

(45)

la mule est féconde, puisqu'elle en a donné des preuves , non-
seulement à Milan , à Palerme , à Madrid , à Naples , et à Saint-
Domingue , mais aussi à Oetting , il y a quelques années (33). Il
n'est plus permis de douter , il est même prouvé que le sperme du
mulet contient aussi réellement des animalcules spermatiques , et que ,
sans ces animalcules , aucune fécondation n'est possible.

§. 36. Je désirerois bien avoir à citer des preuves à l'appui
de ce que j'avance ; mais la seule occasion que j'ai eu d'examiner ,
au microscope , le sperme de ces animaux, tenoit à une circonstance dont je ne me promettois d'avance rien de bon ; parce que
le mulet , que j'ai eu pour faire cet essai , étant déjà-âgé de plus
de 10 ans , son sperme étoit trop aqueux et trop clair : aussi n'y
découvrit-on , non plus que dans celui des vieux chevaux, aucun
animalcule spermatique, ni ce mouvement intérieur qu'on observe

---

(33) Ce fut en 1759 ; le père étoit un cheval , et la mère une mule de quatre
ans. Le fruit de cet accouplement fut un poulain parfaitement conformé ,
comme le poulain ordinaire , à la réserve des oreilles , qu'il avoit plus longues que celui-ci ne les a communément. Il mourut au bout de 14 jours.
L'essai fut réitéré , l'année suivante , sur la même mule , avec le même résultat ; mais le poulain ne vécut que peu de jours. A l'occasion d'une lettre
écrite de France , par laquelle M. Nort faisoit part , à l'académie de Berlin ,
de la génération d'un mulet , né d'une mule , M. le D. Martini , dit aussi
dans une note de sa traduction allemande , de l'*Histoire naturelle des quadrupèdes* , de M. de Buffon , tome II , que ces cas n'y sont nullement
rares dans les écuries du roi. Que doit-on penser après cela de la dissection de M. Hebenstreit , et que fera-t-on de sa lettre au grand écuyer
comte de Bruhl , qu'on a vue jusqu'ici dans tant d'ouvrages écrits sur l'histoire naturelle ? On doit , je crois , à la postérité , de la supprimer de toutes
manières possibles.

dans tous les autres spermes des animaux. Ainsi cette observation ne peut rien décider, mais seulement prouver que la vieillesse n'est plus propre à la génération des animalcules spermatiques, ou qu'elle l'est rarement, si toutefois cette règle a aussi ses exceptions.

§. 37. Voici pourtant quelque chose de consolant, au moins en apparence, pour les partisans de ceux qui refusent aux animaux bâtards la faculté de se reproduire. Dans la vue de faire tous les essais possibles de cette reproduction, on mit, dans une écurie, un mulet à côté d'une mule ; ce prochain voisinage produisit, sur la mule, l'effet qu'on en attendoit : mais autant elle montroit d'empressement et d'ardeur, autant le mulet montroit de répugnance et d'aversion, rendant inutiles toutes les peines qu'on se donnoit pour l'engager à la saillir : souvent il bondissoit à son approche, et il étoit si impatient, qu'il s'en défendoit avec les pieds et les dents; ensorte que l'inutilité des essais réitérés pour le déterminer, en fit voir l'impossibilité. On lui présenta alors une jument, qu'il couvrit deux fois en moins de trois quarts d'heure ; mais elle ne retint rien. Un mulet montra, dans un autre lieu, la même aversion pour deux mules ; mais il n'en fut pas de même d'une troisième, qu'il couvroit très-volontiers. L'intention de la nature, est, dira-t-on, bien marquée dans ce cas là ; on y voit l'aversion que le bâtard mâle a reçu d'elle, pour s'opposer à sa propagation. Si le premier cas étoit plus commun qu'il ne l'est, on verroit tout cela, sans doute, et on le sauroit; mais je sais aussi, de bonne part, de M. le comte d'Eltz, grand écuyer de la cour de Mayence, que dans le haras de Spessart, où l'on entretient plusieurs beaux mulets, on y a des exemples multipliés du contraire. Quand on lit tout ce que dit M. de Buffon sur la possibilité de la fécondité des mulets, dans la troisième partie de son histoire naturelle, où il regarde comme une chose connue, que, dans les pays chauds, ils engendrent souvent, quand aux exemples que j'ai déjà cités, on joint aussi le témoignage d'Aristote et sur-tout celui de Varron, qui assure que la génération d'un mulet par un mulet, est aussi commune en Afrique, que la génération d'un cheval par un cheval dans nos climats, je ne vois rien qui soit moins susceptible d'être révoqué en doute, que cette génération. Mais le préjugé de la stérilité des mulets, qui a régné parmi les savans et les ignorans, et depuis les chefs des haras jusqu'aux derniers valets d'écurie, n'est établi sur aucune expérience, ou bien il n'est fondé que sur des idées négatives, superficielles, et adoptées sans examen. Je suis, au contraire, presqu'assuré que, si l'on avoit toutes les attentions, et si l'on prenoit toutes les mesures possibles, si l'on choisissoit, par exemple, des bêtes jeunes et vives, et qu'on ne s'en tînt pas à un ou deux essais, mais qu'on fît couvrir la femelle après des intervalles convenables, jusqu'à ce que son refus indiquât qu'elle a retenu, ces fécondations réussiroient plus souvent qu'elles ne manqueroient; sur-tout dans les parties méridionales, orientales et occidentales de l'Europe; car n'est-il pas beaucoup plus naturel de croire qu'un mulet reproduira un mulet, que de croire, que ce bâtard soit produit par un âne et une jument, le bardot (*hinnus*, lat.) par un cheval et une ânesse, et le *jumart* par un taureau et une ânesse, ou par un âne et une vache? Il n'y a plus qu'une sorte de superstition, cette ennemie de la droite raison, qui puisse soutenir le contraire.

§. 38. D'autres accouplemens non moins remarquables, féconds ou inféconds, sont ceux d'un chien, avec une truie (34), d'un bouc

______

(34) *Hamburger magazin*, tom. X, où se trouve une description dé-

avec une brebis, d'un bélier avec une chèvre (35), d'un cerf avec une vache et avec une jument (36), d'un chat avec une lapine (37), d'un lapin avec une poule (38), d'un coq avec une canne, d'un paon avec une poule (39), et d'un chien avec une brebis (40). Des animaux, au contraire, de classes plus voisines l'une de l'autre, tels que le chien et le loup, le lapin et le lièvre, qui, tant à l'extérieur qu'à l'intérieur, paroissent être presque le même animal, sont si

---

taillée du bâtard qui en provint, par M. le D. Unzer. Un ami m'a assuré qu'il a eu un chien de l'espèce appelée chien renard, tellement porté pour les truies, qu'il les poursuivoit par-tout; que souvent il l'a vu dans sa cour en couvrir une; mais n'ayant pu être plus long-tems témoin de ce *scandale*, il s'en défit par le poison. Une autre personne, digne de foi, a aussi vu des accouplemens réitérés d'un lapin avec une chienne, de l'espèce du chien courant; on en auroit peut-être vu le fruit, sans le scrupule aussi mal entendu du spectateur, auquel le lapin fut pareillement sacrifié. Un naturaliste n'auroit point été si scrupuleux.

(35) *Histoire naturelle des animaux*, de M. de Buffon, tom. II.

(36) Mon dernier ouvrage sur le *règne végétal*, §. 101, et *Considérations sur les corps organisés*, 2.ᵉ part.

(37) *Histoire naturelle des quadrupèdes*, de M. de Buffon, tome III, Il y est dit qu'un chat et deux animaux, moitié chats, moitié lapins, ont été le fruit de cet accouplement. Quelque chose, qui n'est pas moins extraordinaire, c'est la tendresse d'une vieille chatte, qui, chez moi, et sous mes yeux, recevoit et échauffoit, sous elle, des poussins privés de leur mère, avec autant d'affection, que si c'eût été ses petits; tandis qu'elle immoloit ses semblables à sa rapacité.

(38) Ibid.

(39) Ces deux accouplemens eurent lieu dans ma cour, pendant l'été de 1777.

(40) *Abilgaard imterricht vonpferden*, etc., ou *avis sur les chevaux, les vaches et les moutons*, etc., par M. Abilgaard, 1.ᵉʳᵉ part.

ennemis

(49)

ennemis l'un de l'autre , qu'ils s'étrangleroient plutôt mutuellement, avant ou après l'accouplement (41).

§. 39. Il est fâcheux cependant , que tant d'obscurité règne en· core dans cette importante partie de l'histoire naturelle, et que dans

(41) M. de Buffon donne , dans son histoire du chien et du lapin, le détail des expériences qu'il a faites , sans succès , sur ces accouplemens. Les hases , qui avoient enfin été couvertes par des lapins , auroient cependant peut-être donné des preuves de leur fécondité , si elles avoient été séparées des lapins aussi-tôt après l'accouplement : un témoin oculaire m'a du moins assuré que la génération des bâtards , provenus de l'accouplement des hases avec les lapins qui vivent en liberté , est un fait généralement connu dans le canton de Hoching , dans la Prusse Polonaise ; l'accouplement des chiens et des loups n'y est pas , d'après un semblable témoignage , une chose extraordinaire. Le même témoin m'a assuré avoir vu , chez le chanoine de Zehmen , à Marienberg , des bâtards de chiens et de loups : ces chiens-loups chassoient , il est vrai , comme les autres chiens , mais ils ne crioient que quand ils avoient vu la bête, et ils étoient si portés à faire du dégât , qu'ils s'écartoient de la chasse , dès qu'ils voyoient un troupeau de moutons , pour se lancer dessus , ce qui détermina le chanoine à se défaire de ces bâtards , qu'il avoit eu de différens loups. On élève aussi dans la faisanderie du prince évêque de Wurzbourg , à Wernek , des bâtards de faisans , de coqs et de poules domestiques , qui n'ont jamais été cochées , qu'on enferme ensemble , jusqu'au tems de l'accouplement, mais on met ensuite en liberté les mères avec leurs petits , qui se joignent alors aux autres faisans. D'après la comparaison exacte que j'en ai faite , en général ils ressemblent parfaitement au faisan pour la forme , mais ils sont un peu plus grands et plus allongés. On élève aussi de ces bâtards dans la faisanderie de Fulde , qui sont un peu plus grands que le faisan; ils n'ont de la mère que la couleur de la tête et du col , qui , tant dans les mâles que dans les femelles , tient plus de la poule , et n'est pas d'un aussi bel azur verd , que dans les faisans. La queue qu'ils portent plus élevée que le faisan , est aussi plus garnie de

G

les ménageries considérables , on n'essaie pas tous les accouplemens possibles entre les différens animaux, sous l'inspection d'un naturaliste , et que l'on ne cherche pas à confirmer, ou à écarter, par des expériences suffisantes , et faites avec l'exactitude et les précautions

---

plumes que la sienne. Le bec , qui est ordinairement blanchâtre dans les faisans , est d'un gris obscur , tirant sur le brunâtre , dans les bâtards. La pièce verruqueuse , dont leur œil est entouré , n'est pas rouge non plus , comme celle du faisan ; elle est d'ailleurs aussi grande , et nue comme elle. En comparant cette description du faisan bâtard avec celle qu'en donne M. de Buffon dans son *Histoire des oiseaux* , tom. III , on y observe quelque différence. D'après la sienne , le cercle autour de l'œil , dont j'ai parlé , seroit rouge dans la faisanne , et beaucoup plus petit, ce qui est directement contraire à ce que j'ai observé. Quant à la délicatesse si vantée de sa chair , quoiqu'on ne doive pas disputer sur les goûts , je crois cependant que je ferois manger , pour de bons chapons , mes faisans bâtards , à tel qui ne sauroit pas qu'on lui présente un morceau réputé si friand. La figure que M. Frisch a donnée du faisan bâtard , d'où est tirée celle qui se trouve dans M. de Buffon , est au reste parfaitement ressemblante, à la réserve des ergots , dont on ne lui voit aucune trace. Leur propagation n'a point encore été tentée à Wernek ; mais sa possibilité est prouvée par d'autres essais , ainsi que le baron de Pollnitz , grand veneur de Wurzbourg , d'après les ordres duquel ils ont été faits , et d'autres personnes de la cour , me l'ont assuré , puisque dans l'ancienne faisanderie de Vaitshochheim , changée aujourd'hui en un beau jardin , on a élevé des bâtards , dont on a vu des petits , jusqu'à la troisième génération , comme M. le docteur Sprenger a vu des bâtards de ses linottes. M. Longelius pourroit bien aussi n'avoir pas autant de tort que semble lui en supposer M. de Buffon , d'avoir dit que de plusieurs faisannes bâtardes, qui avoient été fécondées par leur père , il étoit provenu de vrais faisans , puisqu'on sait que de l'accouplement du bouc et des chèvres bâtardes d'Angora , il naît de nouveau , à la troisième génération , de simples boucs , et de simples chèvres ordinaires.

(51)

convenables, les doutes sur ce sujet. Peut-être obtiendroit-on aussi,
par ce moyen , de nouveaux éclaircissemens sur l'existence de tant
d'espèces d'animaux qui se trouvent dans les climats chauds , qui
portent des caractères manifestes des classes principales , dont ils
tirent leur origine. On ne trouve même rien de précis là-dessus
dans les écrits des naturalistes de ce siècle , qu'on dit être si éclairés;
pas même dans le dictionnaire encyclopédique , ni dans celui de
M. de Bomart. N'est-on pas étonné, au contraire , quand on voit
que M. de Buffon regarde les jumarts comme des animaux ima-
ginaires, qui ne se trouvent pas dans la nature , quoiqu'il eût pu se
convaincre du contraire , puisque le climat de la France ne leur
est point étranger? Je ne suis pas moins surpris de trouver le même
doute dans M. Haller (42).

§. 40. L'incertitude de ces hommes célèbres m'ayant paru presqu'aussi importante que son objet même , charmé d'ailleurs de
pouvoir contribuer par quelque moyen à étendre nos connoissances en histoire naturelle , je n'ai négligé aucune occasion de me
procurer cette satisfaction; je me suis donc donné toutes les peines
possibles pour réussir dans les recherches que j'ai faites sur la génération et l'existence des bâtards. Je vais essayer si je serai assez
heureux pour remplir, jusqu'à un certain point , le vuide qui se
trouve dans cette partie de l'histoire des animaux. Ce que j'en ai
recueilli est, ou extrait des lettres d'un ami , ou me vient de
témoins oculaires , au nombre desquels je me compte moi-
même.

§. 41. Je vais commencer par les petits mulets , qui, comme je
l'ai dit , proviennent d'un cheval et d'une ânesse. Bardot est leur

____

(42) *Physiologie* , etc. , tom. VIII , pag. 8.

G 2

nom vulgaire ; Montmartre, près de Paris, est l'endroit où l'on en élève le plus, et où les meuniers s'en servent pour transporter à Paris, la farine et le plâtre. Il est rare de voir une file d'ânes ordinaires traverser la ville, sans avoir à leur tête un bardot, servant de monture au conducteur. Ils sont de petite taille, et communément d'un poil bai, à oreilles plus longues que celles du cheval; le reste tient plus du père que de la mère. Je n'ai pu me procurer, d'après l'expérience, d'autres connoissances sur ces animaux (43); mais j'en ai de plus étendues sur les jumarts. Comme second chef de la grande écurie de Bayreuth, j'en ai vu deux assez souvent, mais non avec les yeux dont je les considérerois aujourd'hui.

§. 42. Le *jumart*, *gemart*, *onotaurus* (lat.), *bosmulo* (ital.), est un bâtard engendré, ou d'un taureau et d'une ânesse, ou d'un âne et d'une vache (44). Le lieu natal du premier est la Provence,

---

(43) Par une lettre écrite de Fulde, sur les mulets, par M. Muller, écuyer, et qui n'est parvenue à l'auteur, qu'après l'impression de la première section de cet ouvrage, on apprend à l'auteur, que deux mules ayant été couvertes par un mulet, l'une d'elles, à la suite de travaux pénibles, dont elles avoient été un jour surchargées, mit bas une masse de chair, du poids de deux livres au moins ; d'où l'auteur de la lettre conjecture que cette mule avoit réellement retenu, et qu'elle auroit peut-être donné un poulain, si on lui avoit épargné les travaux qui l'ont fait avorter ; mais on n'observa rien dans l'autre mule qui marquât qu'elle eût aussi retenu.

(44) Le bâtard qui provient de cet accouplement, porte dans les royaumes d'Alger et de Tunis, le nom de *kumrah*, *die staaten der see-ramber*, (état de Barbarie) Rostock 1758, pag. 564, et *Schaws-reisen*, (*Voyage de Schaw*, etc.) Leipsick, 1765, page 148. Une lettre écrite d'Avignon, le 30 Novembre 1777, sur les jumarts, et insérée aussi à la fin de cette section, par la même raison que celle de la note précédente, offre les particularités suivantes. Il

et plus encore le Vivarais et le Piémont, où , comme le dit M. Leger , dans son histoire des vallées du Piémont, l'on nomme *bif*, ceux qui sont nés d'un taureau et d'une ânesse , et *baf*, ceux qui le sont d'un taureau et d'une jument. Les jumarts, que j'ai vus à Bayreuth, ont été achetés à Arles , en 1755 , cent et quelques livres la pièce : il est vrai qu'on ne s'étoit pas informé quelle es-

---

y a de ces animaux en Auvergne , en Dauphiné et dans le Vivarais ; ils proviennent , ou d'un taureau et d'une ânesse , ou d'un âne et d'une vache. Quand on veut faire couvrir une vache , ou une ânesse , on l'enferme dans une espèce de travail , comme les chevaux difficiles à ferrer. Pour faire saillir une vache par un âne , on présente auparavant à celui-ci une ânesse couverte d'une peau de vache ; quand on le voit fort échauffé, on lui bande les yeux, et on le conduit à la vache (*). Mais pour faire couvrir une ânesse par un taureau , on enferme celui-ci pendant quelques jours , afin de l'échauffer davantage , et on le lâche ensuite sur l'ânesse, qu'on a aussi fait passer dans un travail ; mais il faut toujours prêter la main au taureau, aussi-bien qu'à l'âne, dans le coït. Le jumart provenant d'un âne ou d'un taureau , a toujours la tête de veau , et les oreilles courtes , le poil d'un gris clair , comme l'âne , quoique de tems en tems , il s'y trouve quelque diversité. Les sabots , les jambes et le ventre , tiennent entièrement de l'âne. Ces bâtards sont ordinairement plus petits que la grande race des ânes des meuniers, quoiqu'il s'en trouve quelquefois de plus grands. On n'y remarque aucune trace de cornes (**). Leurs dents sont comme celles des autres ânes , mais ceux dont un âne est père , ont la mâchoire supérieure plus longue , presque d'un pouce , que l'inférieure, et les autres ont celle-ci qui avance d'autant sous la supérieure , ce qui

(*) Cette précaution paroît tout-à-fait superflue ; car un âne a sailli , dans ma cour , une vache , sans avoir les yeux bandés ; mais comme l'âne lui blessoit le dos , et qu'on n'avoit pas de muselière sous la main , on ne pouvoit le contenir.

(**) Dans le mémoire de M. Spallanzani sur les mulets et sur les autres bâtards , on lit cependant qu'ils ont des cornes assez petites. Voy. ses *Mém. phys. mathém.* , pag. 212 , dans la note.

pèce d'animal étoit leur père ; mais leur conformation déceloit trop l'âne, pour que l'on s'y méprît. Ils n'étoient pas beaucoup plus grands que la plus grande espèce d'ânes de nos meuniers : ils étoient mâles, de poil bai, à la tête grosse et au front large, point d'oreilles longues, le col, le dos, les jambes, les sabots et la queue de l'âne, dont ils avoient presque aussi la voix ; ils étoient, outre cela, fort lascifs,

---

fait qu'ils ne peuvent point pâturer, mais qu'il faut les nourrir, dans l'étable, d'herbes, d'avoine, d'orge et de son (***). Les jumarts sont plus forts et plus robustes que les ânes, mais ils sont aussi méchans ; ils mordent et ruent, au point qu'on en laisse éteindre l'espèce peu-à-peu, à cause de cela ; quoiqu'on s'en serve utilement pour le trait et pour la monture, jusqu'à l'âge de vingt-cinq ans. Ces preuves nouvelles de l'existence des bâtards, sont, il est vrai, suffisantes, mais ces animaux présentent, d'un autre côté, à ceux qui veulent raisonner sur le mystère de la génération, de nouvelles difficultés, peut-être à jamais insolubles, que l'anatomie exacte d'un jumart, en offrant à l'œil de l'observateur un nouvel objet, ne lui permet pas de résoudre ; car comment concevoir qu'un bâtard, né d'un taureau et d'une ânesse, tienne de l'espèce de sa mère, tandis que celui qui est né d'un âne et d'une vache, et presque tous les bâtards, tels que les mulets, ceux des faisans, etc., tiennent toujours plus du père que de la mère ? Les petites oreilles pointues de ces deux espèces de bâtards, qui ne viennent ni du père, ni de la mère, et les dents de la mâchoire supérieure du jumart né d'un taureau, de même que ses sabots d'âne, présentent des nouveautés dans la nature, inexplicables, au moins jusqu'ici ; car, qui ne voit que les prétendus germes préexistans perdent dans la génération du jumart né d'un âne, ce qu'ils gagnent dans celle du jumart né d'un taureau, et que les animalcules spermatiques perdent, dans le deuxième cas, ce qu'ils gagnent dans le premier ?

(***) On trouve aussi des choses remarquables sur ces générations, et particulièrement sur la propagation des mulets, dans l'ouvrage allemand de M. Hartmann, intitulé : *Manière d'élever les chevaux et les mulets*. Stuttgard, 1777.

méchans et têtus , se cabrant , quand ils pouvoient seulement trouver une petite place pour assaillir le valet d'écurie. Ils étoient
forts , et ils traînoient journellement une charge assez forte de pain,
depuis la boulangerie , jusqu'à la cour, qui en étoit éloignée d'un
quart d'heure. Leur âge m'est inconnu ; mais ils vivent ordinairement 25 à 26 ans. Quoique ces animaux deviennent rarement plus
grands que la plus grande espèce d'ânes , cependant un ami digne
de foi, qui a fait, à Madrid , un séjour de quelques années , m'a
assuré qu'il y a vu , dans les écuries du roi , un jumart plus
grand que le mulet le plus grand , qui y servoit d'étalon. Comme
nous aurons occasion de revenir sur le sujet des animaux bâtards,
nous allons reprendre celui des animalcules spermatiques.

§. 43. Nous sommes suffisamment convaincus de leur existence
dans le mâle , mais la question de leur existence dans la femelle
est encore indécise. On ne connoît aucun naturaliste , si on en
excepte M. de Buffon , qui dise y en avoir vu. Le célèbre his-
torien de la nature , se crut fondé à croire , d'après sa théorie ,
dit-il, que les femelles ont, aussi-bien que les mâles, un sperme
fécond. D'après cette idée , il commença ses observations sur les liqueurs spermatiques des femelles ; par l'examen qu'il en fit, avec
le microscope composé de Needham, il trouva bientôt ce qu'il cherchoit : deux chiennes en chaleur, l'une depuis quatre à cinq jours,
l'autre depuis sept à huit, sans avoir encore souffert les approches
du mâle , furent sacrifiées à cet examen. Il trouva dans les testicules femelles, et dans les cornes de la matrice de ces chiennes ,
les mêmes animalcules qu'il avoit trouvés auparavant dans le
sperme du chien : il en cite deux témoins oculaires, M. Needham
et M. Daubenton, assurant que cette observation a été répétée dix
fois. De douze ovaires , ou testicules , comme il les appelle , qu'il

avoit eus de six vaches, il ne trouva que dans deux, une liqueur
dans laquelle il vit nager de petits globules, avec beaucoup de
lenteur. Il ne fut pas assez heureux pour trouver ces animalcules
femelles dans les testicules des lapines, qu'il sacrifia aux mêmes
recherches.

§. 44. Mais, que peut nous dire de certain, sur les animalcules
spermatiques des femelles, celui qui ne connoît pas même ceux
des mâles ? Il assure cependant qu'il a vu les uns et les autres,
ceux-là sans queues, ceux-ci avec des queues, et quand il en
trouve quelques-uns dans les cornes de la matrice des chiennes,
en qui ces parties sont plus longues que dans les autres femelles
de même grandeur, par où il auroit pu aisément apprendre pourquoi ces animalcules s'y trouvent, il suppose qu'ils y tombent avec
la liqueur du corps glanduleux qui y dégoutte. Si les chiennes
avoient été enfermées quelque tems avant d'entrer en chaleur,
tout cela me paroîtroit un peu moins incroyable ; mais comme l'une
d'elles y étoit déjà, depuis quatre à cinq jours, quand M. de Buffon l'a soumise à ses recherches, que l'autre étoit dans le même état,
depuis sept à huit jours quand il l'a eue, et que les chiennes sont
aussi peu disposées que les autres animaux à résister à l'aiguillon
qui les presse alors, aussi, malgré toutes les mesures que j'avois
prises, pour soustraire plusieurs de mes chiennes aux approches du
mâle, l'expérience m'a-t-elle, au bout de neuf semaines, suffisamment convaincu de leur inutilité, puisqu'à tout instant la vigilance
la plus active peut être trompée à cet égard. Un fait à vérifier par
l'expérience seroit, si, huit jours ou plus, après les approches du chien,
on ne trouveroit point dans la matrice de la chienne les véritables
animalcules spermatiques du chien. Si j'avois donc trouvé en pareilles circonstances, ainsi que M. de Buffon, ces animalcules, dans

les

(57)

les cornes de la matrice, j'aurois, malgré cela, regardé cette expérience comme peu décisive. Il n'auroit certainement pas non plus
prétendu que les petits globules des liqueurs, qu'il a vus nager dans
celles des testicules de vaches, étoient ce qu'il appelle des molécules,
et encore moins de vrais animalcules spermatiques, si ceux du taureau, que je ferai connoître dans la troisième section, lui avoient
été connus. Les mouvemens qu'on observe dans les liqueurs des
animaux, dépendent probablement, comme nous le verrons dans la
suite, d'une toute autre cause que d'une force animale. Quand même
d'ailleurs il se trouveroit effectivement de ces animalcules dans les
liqueurs des testicules ou ovaires des femelles ; ce seroit toujours
dans les testicules des mâles, où cependant on n'en trouve pas,
qu'il faudroit plutôt en chercher, que de s'attendre d'en trouver
dans l'humeur qui découle des testicules des femelles, qu'Aristote
a même déjà regardée comme une liqueur qui ne contribue en rien
à la génération.

§. 45. M. de Maupertuis, que j'ai eu l'honneur de connoître comme
un observateur d'une grande sagacité, en a souvent cherché, il est
vrai, avec un excellent microscope, mais sans succès (45), ainsi que l'assurent aussi Leuwenhoeck et Audry, dans le recueil de leurs observations sur les liqueurs des femelles. J'en ai fait aussi de multipliées sur des
ovaires de truies, de poules, de poissons et de grenouilles, mais
sans y avoir jamais vu de ces animalcules, ou des corps qui leur
ressemblassent. Quelle y seroit en effet leur destination, puisque,
selon M. de Maupertuis, ils ne servent, dans leurs niches glanduleuses,
qu'à mettre en mouvement la liqueur spermatique, outre que, par

____

(45) *Vénus physique*, chap. XVIII.

H

la préexistence , les œufs étant déjà pourvus , ils ne pourroient y être reçus ? Cette liqueur ne contribuant donc en rien à la génération , d'après ces auteurs et d'autres philosophes , et ne pouvant y contribuer , puisqu'il y a des exemples de femmes , qui ont conçu sans éprouver de prurit, et sans écoulement de cette liqueur, on peut croire qu'elle n'est destinée, par la nature , qu'à délayer le sperme de l'homme, pour y faciliter le mouvement des animalcules qu'il contient, et y produire le même effet que l'eau , avec laquelle on délaye le sperme qu'on veut observer au microscope.

§. 46. D'après les recherches qui ont été faites sur les liqueurs des testicules des mâles, il est absolument hors de doute qu'on ne doit pas trouver d'animalcules spermatiques dans les testicules des femelles. M. le professeur Hebenstreit savoit bien qu'on ne doit pas les y chercher. Il en chercha, non dans les testicules, mais dans les vésicules spermatiques du mulet, où il trouva une quantité suffisante de sperme pour ses observations et celles de ses co-observateurs, mais qui furent sans succès. Les naturalistes qui ont cherché les animalcules spermatiques dans les testicules des animaux, ont cherché des bourgeons dans la racine de l'arbre. Cette comparaison est justifiée par les recherches que j'ai faites sur les liqueurs des testicules du taureau, du verrat , du cerf, du lièvre et du renard. Les deux premiers de ces animaux ont été coupés chez moi dans le même tems. J'en ai eu les testicules tout chauds, et sortans du corps de ces animaux. Je les ai ouverts, et j'en ai exprimé la liqueur, que j'ai observée avec toute l'attention que j'ai coutume de donner à ces observations ; mais il n'a paru aucun signe de vie, ni dans l'un , ni dans l'autre testicule. Il n'a paru non plus après le dessèchement de la goutte, aucune configuration de particules salines, comme il en paroît dans d'autres spermes, preuve évi-

dente que je n'avois point sous les yeux de liqueur spermatique
perfectionnée. Les liqueurs des testicules d'un cerf né au mois de
Novembre, et apporté chez moi encore tout chaud, aussi-bien
que celles de différens lièvres et d'un renard, n'offroient pas plus
de traces de vie. J'ai porté alors mes recherches d'un autre côté;
j'ai fait l'ouverture des *épididymes* du taureau, du verrat et du
lièvre ; (je n'ai pas trouvé ces vaisseaux dans le cerf, ni dans le
renard) j'y ai trouvé une liqueur qui avoit parfaitement la couleur
et la consistance du lait. Quel fut mon étonnement d'y voir, au
microscope, une foule de petits globules, qui se rouloient entr'eux,
avec une vitesse extraordinaire; je n'ai éloigné mon œil du microscope que quand ce mouvement, après avoir commencé à se ral-
lentir, a cessé entiérement au bout d'une demi-minute ; outre que
ces globules étoient sphériques et transparens, ils étoient aussi sans
queues, et n'avoient, par conséquent, pas la moindre ressemblance
avec les animalcules spermatiques; ils ressembloient, au contraire,
aux globules qu'on observe, avec un semblable mouvement, dans la
laite des poissons ; mais ils sont notablement plus grands que ces
derniers. Le lièvre m'a offert le même spectacle, mais non le cerf,
qui, comme je l'ai dit, n'a point d'épididymes; au contraire, j'ai remarqué qu'un testicule de renard, que je n'avois point ouvert, a été
agité, après avoir été mis dans de l'eau chaude, pendant une demi-heure, par de fortes convulsions, qui ont duré bien un quart
d'heure, quoique j'aie trouvé aussi peu de signes de vie dans la liqueur qu'il contenoit, que j'en avois vus dans ceux que j'avois
ouverts auparavant. Ne seroit-il pas bien naturel de conclure,
d'après ces phénomènes, que les petits globules, destinés à devenir
des animalcules spermatiques, reçoivent, dans les épididymes, les
premières impressions de la vie, qu'ils y sont comme couvés, et

H 2

que leur développement ultérieur en animalcules commence dans les vésicules spermatiques, où, en vertu de leur mouvement actuel, ils sont élevés par les vaisseaux déférens ? Cette induction est certainement beaucoup plus aisée à tirer, que la preuve du contraire n'est facile à faire.

§. 47. Où les yeux du corps sont absolument en défaut, essayons de faire usage de ceux de l'esprit , guidés par la droite raison. Donnons encore un peu dans l'hypothèse, et voyons où nous conduiront les conjectures , qui , selon M. Bonnet , sont les étincelles auxquelles une saine physique allume le flambeau de l'expérience. Ne donnons pas dans le ridicule pitoyable de vouloir chercher dans les ténèbres, ce que nous pouvons trouver au moins dans un certain jour.

§. 48. Beaucoup d'écrits de nos naturalistes et de nos philosophes ne sont malheureusement que trop pleins de pareilles obscurités , parce que leurs auteurs sont du nombre de ceux dont parle Fontenelle , qui ont la propriété de ne pas croire ce qu'ils voient, et de vouloir se fatiguer à deviner ce qu'ils ne voient pas. Or, il est évident que , de deux hypothèses sur la génération , la meilleure est celle dans laquelle tous les phénomènes de la nature , qui y ont rapport , peuvent être expliqués , sans faire violence à la raison.

§. 49. Cependant le savant naturaliste Vallisneri veut que ce qu'il appelle *l'esprit du sperme mâle*, féconde d'abord, dans leurs embryons, les animaux , que , selon lui, l'ovaire de la première femelle renferme pour toute la postérité qui doit descendre d'elle. Et comment a-t-il pu nous donner une description du développement de ces petites *machines*, aussi circonstanciée que s'il l'avoit vu de ses propres yeux, puisque, de son aveu même, il n'a jamais

pu découvrir les œufs, qui doivent les contenir, et qui, à cause de
leur petitesse extrême, sont restés inconnus, attendu l'impossibilité de
les trouver avec la lentille qui nous fait voir les animalcules spermatiques dans les liqueurs des vésicules de l'ovaire , ou dans son
corps glanduleux , qui cependant, d'après les observations de M. Haller, est si rarement visible (46) ? Quelles merveilles Schwamerdams ,
si éclairé d'ailleurs, ne rapporte-t-il pas aussi des effets , que l'on pourroit dire presque magiques , qu'opéra sa *vapeur spermatique* dans
la fécondation de la mère abeille ? Il paroît cependant que M. de
Reaumur a vu cette fécondation s'accomplir à-peu-près à la manière ordinaire des insectes, et que ce n'est que par réserve qu'il ne
s'est pas permis de rien assurer d'après les conjectures que certaines situations et certains mouvemens de l'abeille lui donnèrent d'un accouplement réel avec le bourdon, qui est aujourd'hui confirmé par
M. Riem, apothicaire dans le Palatinat.

§. 5o. Quand nous voyons, dans les écrits de ceux qui nous
ont précédés, la circulation du sang contestée, et la manière dont
Galilée a été contraint d'abjurer le système de Copernic , nous
n'avons pas grande idée de l'étendue de leurs connoissances. Mais
quelle sera celle que prendra la postérité des lumières de notre
siècle prétendu si éclairé ? Est-il bien honorable , pour l'esprit humain, de voir, de nos jours , contester l'existence des animalcules
spermatiques, de lire ce qui a été imaginé sur leur destination, et
de considérer à quels subterfuges leurs adversaires ont recours

---

(46) On trouve quelque chose de plus sur ce sujet dans la préface de la
deuxième partie de la traduction allemande (Leipsick 1752) , que cet homme
célèbre a donné de l'histoire naturelle de M. de Buffon ; mais si je puis en
juger , le système de la préexistence ne me paroît y rien gagner.

pour échapper à leurs antagonistes ? L'entendement humain doit paroître bien plutôt un sujet d'étonnement, qu'être celui de nos éloges, quand on réfléchit sur le peu de solidité du système contraire. Aussi, ses partisans mesurant la sagesse du créateur, d'après l'intelligence de la créature, en viennent-ils jusqu'à demander pourquoi, pour la génération d'un seul homme, il en prodigue tant de milliers, sans faire attention que les animalcules, dont il est ici question, loin d'être encore des hommes, ne sont que des êtres organisés, qui commencent à se former dans la matrice.

§. 51. Mais l'économie de la nature dans la composition des corps ! et ne voyons-nous pas que cette économie est nulle pour ces corps mêmes, qu'elle détruit de nouveau à chaque instant. Tout ce qui résulte de l'ouvrage de la reproduction, ne nous fait-il pas connoître, au contraire, que le créateur ne lui a point prescrit des règles d'économie pour la propagation des créatures, mais que la profusion est un des caractères de la fécondité, qu'il lui a communiquée ? De combien de milliers de fleurs un seul arbre n'est-il point orné, souvent pour un tems très-court. Quel nombre infini de graines ne leur succède-t-il pas, dont la plus grande partie est abandonnée aux vers, aux insectes, à la pourriture. Peut-on penser, sans étonnement, à la perte de l'innombrable quantité de la poussière des étamines qui a lieu dans la formation d'un seul grain de semence (47).

§. 52. Cette objection conduit à une autre qui concerne l'ame. On ne peut imaginer d'où vient l'ame des animalcules spermatiques dans leur production, ni ce qu'elle devient dans la destruction du grand nombre qui s'en fait. Un savant, que je considère beaucoup

---

(47) Mon dernier ouvrage sur le *règne végétal*, §. 81.

à cause de son grand mérite et de son savoir, me demandoit un jour, dans une lettre qu'il m'écrivoit, d'où viennent tant d'ames, et si elles sont déjà des ames humaines. Mais ne pourroit-on pas aussi demander, d'où vient l'ame de l'homme adulte. Et il n'est guère plus facile de dire ce que deviennent les ames des embryons et des enfans morts nés, que de dire ce que deviennent tant de milliers d'ames d'animalcules qui se perdent à chaque génération qui se fait.

§. 53. Enfin toutes les obscurités dont est enveloppée l'explication de l'entrée des animalcules spermatiques dans l'œuf, sont encore une objection qu'on fait contre leur destination (48). Quelle comparaison aussi, dit-on, entre la forme d'un animalcule spermatique, et celle de l'animal qui doit en provenir ! Je renvoie aux anatomistes la réponse à la première de ces objections : quoique, par une observation exacte des parties de la génération, qu'on m'a fait voir dans une femme qui mourut en couche, je n'aie pu rien découvrir qui rendit impossible le passage des animalcules spermatiques, de la matrice dans l'ovaire, par les trompes. Cette observation, et d'autres recherches, qu'on trouve sur ce sujet dans les ouvrages des anatomistes, à l'aide des figures qu'ils en donnent,

---

(48) Souvent aussi l'on demande l'ouverture d'un œuf visible, par où l'animalcule spermatique y a pénétré, et on voudroit la voir. Si cela étoit possible, l'œuf tiré du corps d'une grenouille femelle y seroit propre, à cause de sa grosseur ; mais comme ces œufs, de même que d'autres plus petits, sont beaucoup trop gros pour la lentille qui fait voir les animalcules, qui est cependant la seule avec laquelle on pourroit découvrir cette ouverture, ce seroit comme si, avec cette lentille, on vouloit chercher, sur une pelure de pomme, la piquure d'un insecte, qui ne peut pas être vue avec une plus foible.

me fournissent, au contraire, de nouvelles preuves de l'entrée réelle
des animalcules dans cette partie. J'ai pour moi là-dessus, entr'autres, M. le baron de Wolf (49), et M. le pasteur Lesser (50), qui
s'est rendu célèbre par son insecto-théologie (51).

§. 54. Quant au peu de proportion qui se trouve entre l'animalcule spermatique et l'animal qui en provient, pour y répondre
je pourrois me servir d'une comparaison que j'ai déjà, il est vrai,
employée plusieurs fois. La graine d'un pommier, par exemple,
ne ressemble pas plus à un arbre qu'à une maison; si l'on disoit à celui qui ignore qu'elle renferme les principes d'un autre arbre,
que, de ce petit grain, il naîtra un grand pommier, avec toutes
ses parties, et qui en aura toutes les propriétés, comment pour-
roit-il bien le croire. Et où est l'homme à qui l'on persuaderoit
qu'il a été porté pendant neuf mois dans le sein d'une femme, si,
ce qu'il connoît de son origine, ne lui avoit appris ce que c'est que
de naître. Quelle proportion y a-t-il aussi entre l'embryon d'un
éléphant, et cet animal même.

§. 55. Une autre objection, tout-à-fait singulière, est faite par
ceux qui, comme M. Hallen (52), craignent que l'imagination ne
soit comme étourdie, voyant dans un seul ver spermatique, millio-
nième partie de l'homme, une espèce de gaîne qui en renferme
un million d'autres plus petits, qui, dans une quinzaine d'années, se développeront en de nouvelles gaînes, et ainsi de suite.

---

(49) *Gedan ken von*, *etc.* *Pensées sur les ouvrages de la nature*, pag. 730.

(50) *Insecto-Théologie*, §. 61.

(51) Ou plutôt *Entomo-théologie*, pour ne pas prendre, dans différentes
langues, les mots qui forment ce composé.

(52) *Natur ges chichte der thiere*, (*Hist. nat. des animaux*, page 74.)

Mais

Mais l'hypothèse de la préexistence des œufs, suivant le système de l'emboîtement, présente le même méchanisme, qui doit aussi effrayer les imaginations qui voudront sonder cet abîme ; car l'œuf fécondé pour toute une postérité, comment se détache-t-il de ceux qui restent ? Quelle est la disposition des œufs dans le paquet qu'ils forment ? Sont-ils enchassés l'un dans l'autre ? Quand il en sort un de l'intérieur, qu'arrive-t-il à ceux qu'il pénètre ? Est-ce l'extérieur enveloppant les autres, comme le fruit enveloppe son noyau, qui se détache et qui s'en sépare, comme le gant glisse de la main qu'on dégante ? Que devient alors cette enveloppe vuide et crevée ? L'esprit n'a point de prise ici ; on ne sait, ni d'où partir, ni où s'arrêter ; on n'y rencontre que l'obscurité impénétrable d'une nuit éternelle ; au reste, 500 ans avant notre ère vulgaire, deux philosophes célèbres, Démocrite et Hippocrate, ou, selon M. le professeur Gessner, Héraclite, avoient déjà pourvu à l'inconvénient que craint ici M. Hallen. Le premier, par certains vers, qui se développent peu-à-peu en une figure humaine, et le second, par des ames, non-immortelles, cependant que les hommes ainsi que les bêtes, respirent avec l'air. Rien d'ailleurs ne nous oblige de supposer et de croire que, dans la reproduction, les premiers rudimens, ou le premier point, doivent être pris et croître dans l'être qui reproduit, et qu'il ne puisse lui être communiqué du dehors. Nous voyons, au contraire, que, dans l'accroissement de tous les êtres, ce que fait proprement la nature, c'est de rassembler des parties étrangères et dispersées, de leur faire subir les changemens convenables, et d'en former de nouveaux corps. Aussi sa grande affaire est, comme on le sait, de composer et de décomposer ; d'où résulte la transformation continuelle de tous les êtres, dont l'éther et l'atmosphère, magasins généraux de la nature, four-

I

nissent les matériaux qui y retournent dans leur décomposition : c'est-là la matière qui devient tout ce qui est susceptible de l'existence, parcourant tous les points du cercle immense qui la circonscrit. *Rien n'est dans l'état d'être, tout est dans l'état de devenir*, ou au moins quelque chose d'approchant, dit Héraclite. Les exemples seroient ici superflus, puisque nous avons celui de tous les jours dans la nature. Ces considérations nous offrent de nouvelles vues pour pénétrer plus avant dans le secret de ses forces génératrices.

§. 56. Nous voyons et nous éprouvons l'influence de la lumière, sans pouvoir l'expliquer (53). Nous voyons, avec le coucher du soleil, la violence des maladies ordinairement augmenter, et diminuer à son lever. L'on voit aussi, dans le premier cas, les fleurs des plantes et des arbres se fermer, s'ouvrir dans le second, et même

---

(53) Voici une expérience particulière sur l'étonnante pénétrabilité de la lumière, que je fis dans mes essais chymiques, elle mérite des réflexions ultérieures. On emplit une fiole d'une dissolution d'argent bien saturée, mêlée, à parties égales, de l'eau de glace, de pluie, de rivière ou d'étang, on la ferme hermétiquement, ou avec un bouchon de liège ; on la place alors dans un endroit obscur ou dans un coffre, pendant un tems quelconque, à volonté, ou bien à une fenêtre pendant la nuit : on n'apperçoit aucun changement dans la dissolution, ni dans l'un ni dans l'autre cas, si le soleil ne donne pas ; mais la dissolution y rougit en peu de minutes, et à vue d'œil, au soleil ; et après la précipitation d'une chaux noir d'argent tenant or, ce qu'il faut bien remarquer, il ne s'y fait plus de changement. Les expériences chymiques de M. Homberg, offrent un autre exemple de l'influence de la lumière sur les métaux : il y dit que de l'argent dépouillé de tout or, fondu cent fois, laissé chaque fois en bain pendant une heure, il s'en change une partie en or. *Mém. anat. chym. de l'académie des sciences de Paris*, 3.ᵉ part., contenant les années 1707 jusqu'à 1711, en allemand, pag. 535.

aller, pour ainsi dire, au-devant de la lumière, et la suivre. L'envie de l'accouplement croît de même, dans la plupart des animaux, avec la longueur des jours, au printems. Tout cela se passe sous nos yeux, sans que nous comprenions comment il se fait, puisque nous ignorons en quoi consiste l'essence d'une particule de lumière, et que la manière dont elle agit nous est inconnue.

§. 57. La matière première des corps, qui est peut-être la même que la lumière, ou qui en approche, qui est portée avec elle, et qui est aussi répandue qu'elle dans l'univers, est pareillement invisible. Mes recherches sur les parties fécondantes des plantes, motivent ce *peut-être*. J'ai trouvé, en hiver, dans les boutons à fleurs de quelques arbres, toutes les parties des fleurs, et les sommets des étamines, encore en forme de vesicules, remplies d'une substance transparente, blanche et gelatineuse, qui, au printems, s'est partagée en grains des poussières ordinaires, et dans ces grains une quantité innombrable de petits globules transparens, que j'ai appellés germes des graines (54). J'ai cru que les grains, aussi-bien que les germes, n'étant pas autrement unis à la plante, ou à l'enveloppe du sommet de l'étamine, que l'abeille ne l'est à son alvéole, la vue me donnoit une certitude, plus que théorique, que la formation des germes pouvoit être attribuée à une influence du debors.

§. 58. Je crois donc que les germes originaux, pour le règne animal et pour le végétal, (car ce qui regarde la génération et l'origine des minéraux, nous est encore trop peu connu, pour que j'ose en parler); je crois donc que ces germes nagent dans le mélange qui forme l'atmosphère, d'où ils sont aspirés par les animaux,

---

(54) Mon dernier ouvrage sur le *règne végétal*, pl. 9, fig. 7, 8 et 9; pl. 11, fig. 8, *b.*

ou avalés avec ce qu'ils mangent et boivent, et attirés par les sucs des sommets des étamines des plantes, commençant alors à circuler dans les corps avec le sang, étant préparés dans cette circulation pour prendre la nature animale, ils parviennent dans les vaisseaux spermatiques par la substance spiritueuse desquels la vie leur est communiquée, comme le feu d'un corps inflammable se communique à un autre corps. Les premiers ressorts de l'organisation sont mis en mouvement pour en opérer le développement ultérieur, et en faire, en un mot, des animalcules spermatiques. La première ébauche se fait, et les germes se forment par une voie plus courte dans les vaisseaux qui renferment la poussière des plantes ; ils y attendent le passage des liqueurs mâles, dans les liqueurs femelles, qui doit déterminer leur forme, pour prendre alors, par leur moyen, dans l'entier développement de l'impression reçue dans les liqueurs mâles, les uns, comme animalcules spermatiques, la forme animale, et les autres comme germes de plantes, la forme de plante de l'espèce mâle ; ceux qui ne parviennent pas jusqu'aux vaisseaux spermatiques, ne servent alors qu'à favoriser la végétation, augmenter la quantité des esprits vitaux, et fortifier les corps, et enfin sont rendus, par les voies des secrétions, après leur entière composition, pour repasser de nouveau dans d'autres corps.

§. 59. De cette hypothèse, qui a bien l'air paradoxale, quoique celle de l'*exaltation spermatique* de Needham n'ait pas plus de vraisemblance, pour ne rien dire du système de M. de Buffon, il s'ensuivroit que, s'il avoit plu au hasard, il auroit pu faire une grenouille du germe qui a puni le monde du fléau d'un Alexandre, ou un ciron de celui d'un éléphant, ou un chêne de l'un et de l'autre. Ni l'orgueil de l'homme, ni ses préjugés, ne s'accommoderoient guère sans doute d'une pareille idée, mais, si le fait

étoit réel , il ne seroit pas en son pouvoir d'y rien changer. Les
ames sont ici aussi une source de difficultés , mais , sur ce sujet métaphysique , je n'en sais pas plus que tout le monde.

§. 60. Le sexe féminin fait ici un rôle bien différent de celui
que M. Bonnet lui fait joüer dans ses ouvrages. D'où viennent,
selon lui , demandera-t-on , les germes originaux dont la nature n'a
pas moins pourvu ce sexe que l'autre ? A cette question , qu'il propose au commencement du §. 62 de ses *observations sur les corps
organisés* , conformément à la théorie sur le sexe masculin , il répond
que les corps femelles étant les seuls pourvus des organes propres à
la conservation, à l'incubation et à l'accroissement de ces corps, c'est
aussi dans eux seuls que la génération peut se faire. Au lieu que , d'après
ma théorie, je dirai que les corps mâles seuls préparant, dans leurs
vaisseaux destinés à la génération , le sperme fécond , qui ne se
trouve ni dans l'ovaire, ni ailleurs, dans le sexe féminin, les germes
originaux y pénètrent , ou y sont introduits par la force naturelle
aux liqueurs spermatiques mâles , et qu'eux seuls sont formés en
animalcules spermatiques ; ainsi ceux qui sont aspirés , ou avalés
par les corps femelles , ne se développent point , faute de liqueurs
et d'organes convenables , et n'y ont point d'autre destination que
celle des germes mâles , qui ne sont point assez heureux pour être
introduits dans les vaisseaux spermatiques.

§. 61. Le germe générateur passe donc du corps mâle, dans le
corps femelle, sous la forme d'animalcule spermatique. On cherche
en vain, comme je l'ai dit (55), la *cicatricule*, ou ouverture qui lui
sert d'entrée dans l'œuf de l'animal ; mais j'ai trouvé cette ouverture

---

(55) Voyez ci-dessus , §. 53 , note 48.

(70)

pour le germe de la graine, dans quelques *œufs de plantes*, et j'en ai donné la figure (56). Les routes que suivent les œufs des animaux, ne sont pas aussi secrètes que ces ouvertures; elles sont naturellement visibles et connues des anatomistes : pour celui qui les connoît, rien n'est plus aisé à concevoir que le passage des animalcules spermatiques, de la matrice. à l'ovaire, par les trompes. Tout ce qu'on en peut savoir, c'est donc l'endroit où ils sont reçus, et celui où ils sont *conçus*. J'y ai vu moi-même un fœtus de deux mois au moins (57).

§. 62. L'hypothèse contraire de l'influence plus grande de la femelle que du mâle dans la génération, quoique revêtue de la plus brillante logique, est aussi difficile à admettre et à concevoir, que celle de la plus grande influence du mâle est vraisemblable et d'accord avec tous les phénomènes que la nature offre à la vue simple et à la vue armée des secours de l'art. Ses défenseurs se voient, à tout instant, embarrassés dans des faits inexplicables, et obligés de faire souvent les plus grands efforts d'imagination pour s'en tirer. Qu'on leur présente une matrice avec ses trompes, et qu'on leur demande comment il se fait que le sperme mâle, sans lequel, de leur aveu même, aucune fécondation n'est possible, y monte de la matrice, et arrive dans l'ovaire ? Un mouvement vermiculaire des trompes sera ce qu'ils pourront alléguer de plus supportable pour

---

(56) Pl. 8, fig. 9 de mes découvertes microscopiques, 1777.

(57) Le cabinet anatomique de Wurzbourg possède cette rareté anatomique, conservée dans de l'esprit de vin. M. le professeur Siebolo, savant et habile chirurgien, l'a reçue d'un autre anatomiste, comme un ovaire informe. La curiosité d'en connoître l'intérieur, l'engagea à l'ouvrir, et il vit le fœtus parfaitement formé.

cause de cette ascension. Mais ce mouvement vermiculaire existe-t-il aussi certainement dans la nature que dans leur imagination ? et quand même sa réalité pourroit être démontrée, celle de l'ascension du sperme l'est-elle aussi en même-tems ? L'œil voit au contraire, au microscope, les animalcules spermatiques se mouvoir et nager de côté et d'autre, avec assez de vivacité; et de la conjecture qu'ils ne perdront pas non plus cette vivacité dans la matrice, et que le délayement du sperme par les liqueurs femelles ne peut que la faciliter, il s'ensuit très-naturellement que, du grand nombre des animalcules, quelques-uns trouvent le moyen de passer de la matrice aux trompes, dans lesquelles ils poursuivent leur route jusqu'à leur destination; et si les fécondations se font sans l'intromission réelle du sperme mâle dans l'ovaire, comment y en fera-t-on parvenir la quantité suffisante, nécessaire dans le cas de la formation de certains organes, non-préexistans dans l'œuf, et appartenant à une autre espèce (58) ? Comment expliquer, d'une manière plus intelligible, la grossesse d'une fille, dont l'hymen s'est trouvé entier (59), et celle de la femme d'un maréchal, opérée par le seul frottement, à cause d'un défaut dans le mari, résultant d'une opération chirurgicale qu'il avoit subie (60), si on n'admet point les animalcules spermatiques, pour qui il seroit difficile qu'une ouverture fut trop étroite, et une route trop large, mais que l'on préfère de chercher à animer des germes *préexistans* par des vapeurs et par des exhalaisons ? Quand M. Bonnet a dit, dans son §. 136, que, si on renversoit l'hypothèse, en attribuant au mâle ce

---

(58) Voyez ci-dessus §. 21.

(59) Mém. de l'académie de Stockholm, tom. 20, p. 180.

(60) *Frankische Sammlungen* (*Collection de Franconie*), tome VI, pag. 335.

qu'elle suppose appartenir à la femelle, tout devient alors plus aisé ;
il voyoit bien les difficultés qui sont attachées à ces explications.
Pourquoi donc les préférer et s'écarter d'un chemin, pour s'engager dans des routes impraticables ? Serois-je injuste, envers ce
célèbre naturaliste, si je croyois qu'il n'a peut-être jamais vu d'animalcules spermatiques (61), mais qu'il ne les a connus que par les
observations de M. de Buffon ? Comment auroit-il autrement pu
dire, dans son §. 130, que des animalcules spermatiques sont devenus de simples globules, n'ayant aucunes parties distinctes ; que
la queue, qu'on leur donne, n'est qu'un reste d'une peau, dont les
globules tâchent de se débarrasser, ou un sillon qu'ils tracent dans
la goutte par la rapidité de leur mouvement ; qu'enfin ils ne subissent aucune métamorphose, mais que, dans certaines circonstances,
ils peuvent se réunir, (les animalcules spermatiques paroissent ici
confondus de nouveau avec les animalcules d'infusions de Needham)
et former ainsi différentes sortes de corps organisés ? Toutes ces
assertions ne sont véritablement qu'une suite d'erreurs (62).

§. 63. Les autres effets de la puissance génératrice, tels que la
ressemblance des enfans, avec les auteurs de leur vie, les jumeaux,

---

(61) Je suis fâché de ne pas pouvoir porter un jugement plus avantageux
de M. Lyonet. Malgré la subtilité et l'air plausible de ses objections, contre
le systéme de la fécondation par les animalcules spermatiques, qui se trouvent dans une longue note de la première partie de sa traduction française
de *l'insecto-théologie* de M. Lesser, pag. 216, il ne me seroit pas bien
difficile d'y répondre exactement dans une note aussi longue, si je ne croyois
l'avoir déjà suffisamment fait, par les preuves que renferme le texte de cet
ouvrage, et celles qui résultent de mes observations.

(62) C'est de la même source, c'est-à-dire, de ne pas avoir vu, que viennent les objections usées, que fait contre la destination des animaux sper-

les

les monstres et les bâtards sont aussi difficiles à expliquer dans le système contraire, qu'ils s'expliquent aisément dans le nôtre. Je laisse l'essai que j'en vais faire, au jugement de ceux qui ne sont préoccupés d'aucun système favori.

De la ressemblance des Enfans avec leur Père et leur Mère.

Que l'on se demande, si l'on ressemble plus à son père qu'à sa mère; que l'on examine la structure du corps, les traits du visage, les inclinations, la manière de penser, l'état de santé, ou les maladies auxquelles on est sujet, etc.; que l'on applique ces recherches à d'autres personnes; dans quelques-unes, le résultat sautera d'abord aux yeux ; dans d'autres, il sera l'effet de la comparaison des ressemblances et des dissemblances. On trouvera que la structure du corps, ou, pour mieux dire, la charpente de la machine, annonce ordinairement le père; que les perfections extérieures, et les défauts de l'enfant, de même que les traits principaux du visage, qui souvent ne deviennent bien visibles qu'avec l'âge, sont ordinairement ceux du père. Nous voyons tous les jours des enfans des deux sexes, qui sont de vrais portraits de leur père, mais nous en voyons aussi qui décèlent leur mère par plusieurs ressemblances, tant dans la physionomie , que dans certaines inclinations et qualités de l'ame. Elle paroît avoir une influence particulière sur les yeux de son fruit, qui est souvent l'unique marque qui la fait

---

matiques. L'auteur d'un ouvrage, bon d'ailleurs , et qui détruit plusieurs anciens préjugés. Il est intitulé , *de l'homme et de la femme , considérés physiquement dans l'état du mariage*, etc., Lille , 1772 , tom. II , pag. 344. L'on forme ainsi un jugement d'après des oui-dires.

K

reconnoître ; mais la charpente osseuse tient entièrement du père. De plusieurs femmes bossues et difformes, que je connois, il n'en est aucune qui ait fait des enfans qui lui ressemblassent en cela. Mais on voit bien des enfans bossus provenir de pères bossus, quoique ces derniers en fassent aussi d'ailleurs de bien conformés ; parce que probablement la difformité du père ne s'étend pas sur tous les animalcules spermatiques, et que l'on peut conjecturer aussi que l'influence qu'exerce sur eux un bossu par accident, n'est pas aussi forte que celle d'un bossu né tel. J'ai connu un horloger qui avoit les jambes courbées de manière qu'à peine il avoit quatre pieds de hauteur, et qui en auroit eu cinq, si on avoit pu les lui redresser. Il eut un fils qui lui ressembloit, au point que si on les avoit disséqués, personne n'auroit pu distinguer le squelette du père, de celui du fils. Un témoin oculaire m'a assuré avoir vu, à Paris, un autre exemple de difformités qui se propagent ainsi des pères aux enfans : c'est celui d'un mendiant qui avoit les talons tournés en dehors, et les doigts des deux pieds tournés en dedans, l'un contre l'autre ; il eut différens enfans des deux sexes, qui lui ressembloient parfaitement dans ce même défaut, que ses fils transmirent à leurs enfans ; mais parmi ces derniers, il n'y eut pas une seule fille qui en fut atteinte. La même personne a aussi connu un médecin, dont l'aïeul et le père n'avoient qu'un testicule, plus gros cependant que les testicules ordinaires ; lui et tous ses frères étoient marqués de la même singularité. Le père fournit donc, aux liqueurs de l'œuf de la mère, le germe organisé et vivifié du fruit, ou l'animalcule spermatique, comme le semeur fournit sa graine à la terre ; le développement s'y fait alors en proportion de la force de ses organes, et des particules plus ou moins élaborées des liqueurs de l'œuf. Si ceux-là n'ont point assez de ressort et de force, celles-ci

prennent le dessus sur eux en s'en emparant ; comme par une espèce d'inondation ; alors les traits du visage du père, sont non-seulement en quelque sorte transformés, mais aussi les qualités domi-
nantes de la mère ne trouvant aucune résistance, sont imprimées
au fruit avec force, et celles du père obligées de céder. Quand,
au contraire, l'organisme du germe vivifié a toute la force de développement nécessaire, et que les premiers traits de ses vaisseaux
sont fortement exprimés, il l'emporte alors, et l'activité des élémens
des liqueurs femelles est contenue dans ses bornes, et l'enfant ressemble plus au père qu'à la mère. La cause de cette force ou de cette
foiblesse du germe ou des liqueurs femelles, paroît dépendre de la différence du tempéramment, de la sensibilité et de l'irritabilité de ceux
qui engendrent. Il est assez vraisemblable aussi que l'ébauche du fœtus
mâle ou femelle est déjà tracé dans les vaisseaux spermatiques du mâle.
Il y a des familles dans lesquelles il naît toujours trois ou quatre garçons, avant qu'il y naisse une fille ; dans d'autres, on remarque le contraire (63). Le nom du père explique ordinairement l'énigme. Certains animaux, comme le cheval, confirment cette opinion. Le soin
du haras fut la partie la plus agréable de ma charge de grand
écuyer à Bayreuth ; parmi les étalons il s'en trouvoit toujours
quelques-uns, dont on pouvoit presqu'assurer qu'ils donneroient
des poulains (mâles). On voit, par les registres du haras, qu'il y a
eu de ces étalons qui ont fait, de suite, six, sept poulains, et plus,
et qu'il y en avoit d'autres dont on devoit plutôt attendre des pou-
lines que des poulains.

---

(63) Je connois un homme qui, avec trois femmes, dont les deux premières moururent dans leur seconde couche, fit six filles de suite, deux
avec chacune d'elles.

K 2

Des Jumeaux et des doubles Fœtus.

§. 64. Quel que soit le nombre des enfans d'une seule couche, chacun d'eux aura son placenta particulier. S'il y en a deux environnés d'un seul et même placenta, ils sont joints de manière ou d'autre, ce sont des jumeaux qui ont crû ensemble, ou l'un dans l'autre ; on en a des exemples suffisans. Il y a eu un homme qui couroit le monde, il y a environ trente et quelques années, se faisant voir pour de l'argent, il montroit un corps qui avoit l'air d'un enfant de sept à huit ans, qui sembloit fourré, ou comme enté dans le sien, dans la région ombilicale, où il étoit crû avec lui. L'épine du dos et le derrière étoient bien formés, mais les jambes, qui croisoient l'une sur l'autre, et qui étoient un peu plus maigres qu'elles n'auroient dû l'être, n'avoient aucun mouvement propre ; on n'y voyoit non plus ni anus, ni marques de sexe. Cet homme éprouvoit les mêmes sensations dans toutes les parties de ce corps que dans le sien propre : il n'y avoit aucune différence entre la couleur de ces deux corps, et la circulation du sang et des humeurs étoit pareillement commune à l'un et à l'autre. Nous devons au besoin d'administrer l'extrême-onction, la description donnée par M. Winslow, d'une fille semblable, à deux corps, âgée de 12 ans : comme on ne savoit auquel des deux corps il convenoit de faire les onctions, on voulut avoir l'avis de cet illustre anatomiste. Elle étoit à l'hôpital général de Paris, et d'après ce qu'il en dit, elle ressembloit tant à celui dont il vient d'être parlé, qu'on l'auroit prise pour sa sœur, s'ils n'avoient vécu dans des tems trop éloignés l'un de l'autre (64). De pareils phénomènes peuvent donner

---

(64) Mém. de l'acad. des sciences de Paris, année 1753, pag. 366.

lieu à diverses conjectures. Celui du chirurgien de Berlin , nommé
Engel , dont il est parlé ci-dessus, §. 20 , note 16 , de même que
celui d'une fille née enceinte , et d'autres , rapportés dans les *Mémoires de l'académie de Stockholm* (65) , dans le *Nouveau magasin d'Hambourg* (66) , et dans les *Collections de Berlin* (67) ,
ne sont pas moins remarquables.

Les naturalistes qui soutiennent le système de l'épigenèse , croient
affoiblir l'hypothèse du développement , par la raison que les fœtus
résultans de l'épigenèse , ne pourroient être formés de deux germes
qui croîtroient ensemble ; parce qu'il seroit inconcevable comment
.certaines parties pourroient se rencontrer assez heureusement pour
ne former qu'un seul tout ; pour ne former, par exemple, dans les
fœtus à deux têtes , qu'un œsophage , un estomac , etc. ; d'autres
font la même objection à ceux qui préfèrent le sentiment de l'originalité des monstres à celui des causes accidentelles de leur existence. Les deux partis pourroient se rapprocher, si on vouloit seulement faire deux classes de monstres , et les distinguer comme la
nature l'a fait réellement, en monstres simples et en monstres réunis , ou , si l'on veut, monstres composés : mais il faut fixer la dénomination des deux espèces. Je croirois donc que l'idée d'une
déformation du tout, ou de certaines parties et de certains membres,
doit être toujours attachée au mot monstre , et comme on remarque
le plus souvent le contraire dans les fœtus qui ont crû ensemble ,
tels , par exemple , que les deux filles qui ont crû de cette
sorte , et qui ont vécu jusqu'à 16 ans , en Hongrie , et qui étoient

(65) Tome **XX** , page 170.
(66) Tome **II** , page 85.
(67) Tome **III** , page 260.

très - bien formées (68) , je croirois que le nom de double
fœtus leur conviendroit beaucoup mieux que le nom général de
monstres.

Les exemples , tels que ceux dont nous venons de faire mention,
sont, il est vrai , contre le système de l'épigenèse, et contre celui
des monstres originaux ; mais ils ne les refutent pas aussi clairement que quelques autres, que l'on trouve dans les écrits des naturalistes. Je n'en choisirai que deux, que nous allons bien examiner.
Je les prends dans les mémoires de l'académie des sciences de Paris.
Le premier est celui d'un double fœtus humain , décrit par M. Lemery (69). Le second est celui d'un mouton double, décrit aussi par
M. Morand (70) ; de belles figures jettent un jour suffisant sur
l'anatomie qu'en ont fait les deux académiciens. Le premier fœtus,
aussi-bien que le second , étoit visiblement composé de deux
germes. Celui - là avoit non - seulement double épine dorsale,
double estomac, double poumon, mais les marques du sexe étoient
aussi doubles en lui, et dans l'examen du mouton , qui étoit fort
gras, et à qui deux cuisses, deux jambes et deux pieds sortoient
du ventre, et lui passoient entre les cuisses ordinaires, M. Morand
trouva 1°. deux anus , par lesquels il rendoit les excrémens ;
2°. deux verges, dont chacune avoit son urètre ; 3°. double iléon,
double cécum, double colon et double rectum; 4°. la queue simple,
mais plus large qu'à l'ordinaire ; 5°. quatre reins, chacun avec son
uretère ; 6°. deux vessies, presque de grosseur ordinaire ; 7°. quatre

____

(68) *Syst. de la nat. de Linnée,* par M. Muller (édit. allem.) , partie 1,
pag. 106 , pl. III.
(69) Mém. de l'acad. des sciences de Paris.
(70) Ibid.

testitules ; 8°. deux grosses artères rénales. Toutes ces parties étoient placées en ordre convenable ; et M. Morand en conclut que, tout le reste étant simple, si l'on suppose que cet animal étoit composé de deux animaux, la tête et le reste qui manquoit ont dû être entièrement anéantis. Peut-on douter de la justesse de cette conséquence, quand, après avoir vu la figure et la description que M. Méry donne de deux fœtus trouvés dans un placenta, à qui le *nouement* des deux cordons ombilicaux causa la mort, on est convaincu de la certitude qu'il peut se trouver deux germes dans un œuf (71). Cette découverte nous donne aussi lieu de conjecturer que chaque fœtus ayant ici son cordon ombilical particulier, et ce cordon ne se trouvant pas dans les doubles fœtus qui croissent ensemble, cela pourroit bien être la cause de leur *concrétion*, et qu'alors le germe seul auquel appartient le cordon, prend le dessus dans l'accroissement. De la dissection que M. Winslow, académicien de ces derniers tems (72), a faite d'un faon à deux têtes, il conclut l'originalité des monstres, et tâche d'en tirer la preuve avec beaucoup de sagacité. Mais quand on examine bien les raisons par lesquelles il prétend combattre l'anatomie de l'enfant à deux têtes de M. Lemery, elles perdent leur vraisemblance, et presque plus. Au lieu d'admirer l'art avec lequel la nature sait surmonter, par la réunion des germes, ce qui doit lui être contraire par l'entrée de deux germes dans un œuf, il cherche plutôt à lui refuser la puissance de se mettre au-dessus des accidens qui contrarient ses règles générales, parce qu'il ne peut pas comprendre comment certaines parties, qui sont faites l'une pour l'autre, se

---

(71) Ibid.
(72) Ibid.

trouvent si fort séparées. Mais nous voyons ici la sagesse qui la
guide, dans le double fœtus, entr'autres de M. Lemery, dont elle
avoit placé le gros foie sous le sternum , entre les deux ventricules,
au-dessus du diaphragme qu'elle perça pour cela, à cause du défaut
de place dans son lieu ordinaire. Mais rien n'est plus évident que
dans le mouton de M. Morand, dont nous venons de parler, dans
lequel les vaisseaux déférens de chacun des deux testicules extérieurs ont fait un circuit autour de la vessie , toutes les autres parties
étant disposées régulièrement. Quelle pourroit bien être la raison
pour laquelle on refuseroit à la force qui produit un tel effet, la
faculté de séparer et d'écarter les parties qui l'embarrassent, et qui
ne peuvent être réunies au tout ? Mais ce n'est pas d'après ce qui
est déjà tout formé qu'il faut raisonner ici, il faut remonter jusqu'à
la substance à-peu-près gelatineuse et vesiculaire des vaisseaux du
germe, sur laquelle les mouvemens les plus foibles peuvent et doivent
faire la plus forte impression. Quand donc le hasard approche
certaines parties des deux corps, la tête de l'un, par exemple, de
celle de l'autre , alors les vaisseaux semblables se raccordent ensemble, comme l'écorce de la greffe, avec celle du sujet greffé,
comme l'œil de l'écusson saisit le bois de l'arbre écussonné et
croît avec lui. Mais si la tête s'attache à un autre endroit, ou si
elle en sort, comme dans l'Italien qu'avoit vu M. Winslow, à qui
il sortoit du corps, vers la troisième côte, une seconde tête, petite,
qui avoit de véritables yeux, un nez , des oreilles, une bouche et
des dents (73) , il n'y a que les vaisseaux sanguins et les parties
charnues qui se réunissent ; tout le reste est retranché, foulé et
détruit , comme il est arrivé à l'un des corps de l'Italien et du

______

(73) Ibid.

faon à deux têtes de M. Winslow. D'après toutes ces raisons, ne sommes-nous pas fondés à conclure que les doubles fœtus ne doivent être regardés ni comme originaux, ni comme des monstres, qu'on puisse attribuer à une formation graduelle, ou à une erreur de la nature, mais qu'ils sont produits par deux animalcules spermatiques, dont la conformation est due à l'espace resserré de l'œuf, et au concours fortuit de certaines parties. Les jumeaux, les trijumeaux, etc. ne s'expliquent pas moins bien par les différens animalcules spermatiques qui pénètrent dans différens œufs.

Des Monstres et des Bâtards.

§. 65. De prétendus avocats de la divinité, apologistes de la sagesse du créateur, s'imaginent que son honneur demande que le hasard n'ait point de part à la production des monstres, et veulent qu'ils soient des êtres originaux. Mais ils ignorent, ou du moins ils veulent ignorer, qu'il n'est pas au pouvoir de l'esprit de l'homme de déterminer ce qui convient ou ne convient pas à la toute-puissance et à la sagesse de son auteur. La piquure d'un insecte sur la feuille d'un arbre, y produit une excroissance monstrueuse, une pierre que rencontrent les racines des plantes, les oblige de se détourner, de se courber, les estropie, pour ainsi dire. Est-ce pour être ainsi déformée par un insecte, que la feuille de l'arbre a reçu ses vaisseaux et ses sucs ? N'est-ce pas plutôt pour contribuer à la nourriture et à l'entretien de l'arbre qu'elle les a reçus ? La pierre seroit-elle placée sur la route des racines de l'arbre pour les arrêter et les courber ? Ces effets ne sont-ils pas plutôt dûs à des causes accidentelles et dans l'ordre des possibles ? L'esprit le plus ordinaire répondroit à de semblables questions. Parce que nous voyons des

L

cas où la nature s'écarte des règles générales, dirons-nous que la loi de ces écarts est celle de la nécessité; que ce ne sont que des suites d'événemens fortuits, d'après lesquels une chose arrive, non parce qu'elle doit, mais parce qu'elle peut arriver? L'eau ne seroit-elle faite aussi que pour emporter et submerger, le feu pour consumer nos personnes et ce qui nous appartient? C'est d'après le plan immense et les desseins incompréhensibles de son auteur, que la nature travaille à la production du tout, dont nous ne voyons que des parties, et encore quelles parties! des points sur un grain de sable de notre système solaire ; et de ces parties de l'existence desquelles l'homme ne connoît ni le comment ni le pourquoi, il veut en conclure au tout, et en faire la mesure de la sagesse de son créateur. Que notre étonnement ne cesse point à la vue des ouvrages du tout-puissant. Enflés par une vaine présomption de notre amour-propre, ne jugeons pas de leur perfection, ou de leur imperfection, et défions-nous de nos raisonnemens sur ce qui est bien ou mal. Contentons-nous plutôt de tâcher d'étendre nos idées et nos vues d'après la connoissance de ce que nous avons sous les yeux, et abandonnons tout le reste à celui qui l'a fait. Nous ne verrons plus alors les monstres au travers de nos préjugés, et nous n'irons plus les chercher dans une création particulière. Au lieu de s'étonner sur les monstres, on devroit plutôt être surpris qu'il n'en paroisse pas plus souvent, dit M. Bonnet, §. 350 *de Observ.*, etc. Si cependant, comme il seroit à souhaiter, on rassembloit tous ceux dont les naturalistes font mention dans les mémoires des académies, dans les magasins, collections, journaux, etc., ils fourniroient certainement des matériaux pour plusieurs volumes (74). Si les plus

____

(74) Il y a un ouvrage de ce genre, intitulé : *Description anatomique des*

célèbres naturalistes, qui n'ont pu expliquer tout ce que ces productions offrent de singulier, ont été justifiés par les difficultés,
l'obscurité et le mystère dont la nature les enveloppe, et par le
secret de l'atelier d'où elles sortent ; si les preuves que m'ont
fournies l'expérience et mes réflexions ne suffisent pas pour ce
que j'en veux prouver, je compte d'autant plus sur l'indulgence
du lecteur que je suis moi-même moins enclin à les regarder
comme inexplicables.

§. 66. Quand du mélange de deux sexes différens, ou de deux
espèces différentes, résultent des fœtus qui ont certains membres,
ou déplacés, ou entièrement déformés, qui en ont de trop, ou de
trop peu, ces fœtus portent le nom de monstres. Pour éviter des détails inutiles, je ne citerai que l'exemple du chien-cochon, ou cochon-
chien, de M. Unzer, du §. 37 ci-dessus. Le père de ce monstre
étoit, comme il le dit, un des chiens ordinaires qui courent les rues,

---

parties de la femme, qui servent à la génération, avec un traité des monstres, etc.
Par M. Jean Palefyn, anatomiste et chirurgien de la ville de Gand, Leyde 1708,
qui contient une riche collection de description et de figures de monstres fort
extraordinaires. Mais on voit d'abord que la plupart ont été encore plus dé-
figurés par l'imagination du dessinateur, qu'ils ne l'ont été par la nature.
Entr'autres figures, on y en voit qui ont des cornes, des queues, des
griffes, en un mot tout l'attirail de diables, dont le père, selon l'auteur
éclairé, n'a pu être que l'ancien satan même. Il y en a plusieurs autres qui
ont des preuves et des caractères de vérité qui ne peuvent être révoqués en
doute. On voit, page 69, un homme qui ressembleroit parfaitement à celui
dont je viens de donner la description, §. 64, si une petite figure, qu'il a
sur la poitrine, y étoit un peu plus enfoncée. Il y est aussi fait mention d'un
autre homme, qui se faisoit voir pour de l'argent, en 1525, dans la Savoie et
dans la Suisse, et qui étoit conforme à la description qui en est faite.

et la mère étoit de l'espèce des cochons d'inde à jambes courtes ; la tête du monstre, qu'il a encore en sa possession, tient même, quant aux dents, plus du chien que du cochon, comme celui de Weisenfels, qui est d'une autre espèce semblable, à en juger d'après l'apperçu de la description. Mais le nez est une excroissance en forme de grouin redressé, et les oreilles ne sont tout-à-fait, ni du chien, ni du cochon, mais une espèce de membrane semblable aux oreilles de l'éléphant. Les pieds de devant et de derrière sont recourbés aussi, comme des patins à glisser sur la glace ; au lieu que, dans celui de Weisenfels, les pieds ont la forme ordinaire ; mais tout le reste, comme le corps, les jambes et la queue, tient plus de la mère que du père. Ce monstre n'ayant que dix pouces de longueur, on ne peut pas faire avec autant de certitude la comparaison de ses membres avec ceux du père et de la mère, que si l'âge les avoit plus développés, car ce n'est que par le développement des membres que nous pouvons sur-tout en prendre une connoissance plus exacte. Et comme les dents et la tête sont ici des indices suffisans qui annoncent le père, on auroit peut-être encore observé plus d'accord dans les ressemblances avec lui, si le monstre avoit grandi et vécu davantage. La peau, qui étoit rase, et n'ayant ni poils ni soies, se seroit peut-être garnie de soies ; puisqu'on observe que les petits tiennent à cet égard plus de la mère que du père. Il paroit cependant que l'action des liqueurs femelles a été plus particulière sur le nez, les pieds et les extrémités ; ce qui mérite plus d'attention que l'extérieur, auquel la mère a ordinairement la plus grande part. Dans le monstre de Weisenfels, le grouin n'est pas courbé en se relevant, comme dans celui de M. Unzer ; il est placé sur la lèvre supérieure, d'où il est pendant. Celui-là a les ongles du chien ; dans celui-ci, les ongles tiennent plus du cochon. Il paroît donc, ou que les organes du nez et des ongles avoient plus de consistance dans les animalcules spermatiques de l'un des chiens, que dans ceux de l'autre, et qu'ainsi ils ont été, sous ce rapport, plus ou moins soumis aux impressions des liqueurs femelles, ou que, dans la mère, ces liqueurs ont été en général plus actives sur le nez et les ongles que sur les autres parties.

A l'égard des monstres qui pêchent par excès, ou par défaut de certaines parties, nous nous bornerons à l'exemple des familles à six doigts ; nous devons l'histoire de l'une d'elles à M. Godeheu de Riville, chevalier de Malte, et sa publication à M. de Reaumur, de qui M. Bonnet (§. 355 *de Observ.*, etc.) l'a empruntée. Voici la généalogie de cette famille, pour qu'on puisse la voir d'un coup-d'œil.

Gratio Kalleia, souche de cette famille, fut le seul de 7 enfans qui vint au monde, avec six doigts à chaque main, et autant à chaque pied. Il eut trois garçons et une fille, dont Sauveur seulement, comme aîné, avoit douze doigts aux mains, et autant aux pieds ; les trois autres étoient nés avec le nombre de doigts ordinaire ; mais George avoit les pouces plus forts et plus longs que de coutume, et les deux premiers doigts de chaque pied joints ensemble. La fille, Marie, avoit aussi quelque difformité dans les pouces ; mais André étoit né sans le moindre défaut, ni aux mains, ni aux pieds. Sauveur eut, comme son père, trois fils et une fille ; deux des fils et la fille avoient comme lui un doigt surnuméraire à chaque main et à chaque pied ; mais le troisième fils n'en avoit que le nombre ordinaire. George eut un fils et trois filles, dont deux avoient chacune douze doigts aux mains et autant aux pieds, l'autre n'en avoit qu'un de surnuméraire à l'un des pieds ; le fils n'avoit rien de trop ni aux mains, ni aux pieds. Marie, qui se maria à dix-huit ans, eut deux garçons et deux filles, dont un des garçons seul avoit un doigt de trop à l'un des pieds, mais elle avoit aussi, comme George, quelque chose de difforme dans les deux pouces (75). Les vaisseaux spermatiques du père de Gratio étoient donc la source de tous ces phénomènes. Les rudimens de la formation extraordinaire des doigts surnuméraire ont dû s'y trouver. Ces rudimens extraordinaires ont commencé probablement en lui, et il faut les distinguer de la force plastique qui se propage par la génération. La force qui les a produits, a dû être resserrée dans des bornes étroites, aussi-bien dans lui que dans ses enfans, puisque son ac-

---

(75) Il y a à Fulde un sellier, qui vit encore, à qui les doigts des mains et des pieds sont crûs l'un sur l'autre ; mais leurs pouces sont séparés. Il étoit né d'un père dont les mains et les pieds avoient la même conformation. Trois, de cinq enfans qu'il a, ont le même défaut, dont les autres sont exempts. On a vu aussi à Unremberg, un mendiant qui, ainsi que toute sa postérité, avoit les mains formées en *mordans* d'écrevisse. Et le capitaine Cook, dans son dernier voyage à la mer du sud, en 1774, trouva dans une certaine île, un grand nombre d'habitans, à qui le petit doigt manquoit. *Erxlebens physik. bibl.* (*Bibliothèque physique d'Erxlebens*), tom. III, p. 81.

tion ne s'est point étendue sur toute la masse du sperme, et que, non-seulement un des quatre enfans de Gratio n'avoit que cinq doigts, mais que plusieurs de ses petits enfans n'en avoient point davantage. Cette force n'a donc eu plus d'énergie que sur les organes des doigts de quelques animalcules spermatiques du père, souche de cette famille. Personne ne se mettra en tête probablement de vouloir expliquer la manière dont elle agit, eût-on les yeux de la dame Pedegache, qu'on nous dit avoir vu un enfant dans le sein de la mère (76). On voit, par les générations subséquentes, qu'elle s'est propagée dans tous ses descendans, dans lesquels on la vit agir de même sur quelques animalcules spermatiques. Le fils André seroit donc provenu d'un animalcule spermatique, qui auroit passé dans l'œuf de la mère, sans avoir éprouvé l'action de cette force, et sa postérité ne l'auroit pas éprouvé plus que lui, etc. Ainsi ces phénomènes se comprennent mieux, je crois, dans notre système de fécondation par les animalcules spermatiques, que dans aucun autre. Mais Marie, née avec quelque difformité dans les pouces, paroît offrir des difficultés plus grandes, par la naissance du fils qu'elle mit au monde avec onze doigts aux pieds. M. Bonnet dit là-dessus que, si Marie n'avoit point été d'une famille dans laquelle certain défaut passoit du père au fils, on n'auroit pas non plus attribué à la fécondation l'origine de la partie surnuméraire dans l'un de ses enfans ; mais ne seroit-il pas plus naturel de conclure qu'elle n'auroit eu aucune part à la production du doigt surnuméraire, et que le père seul en auroit été l'auteur ? Nous n'avons ici que cette alternative, ou le onzième doigt n'étoit qu'un morceau de

---

(76) *Lehr reiche nach richten für*, etc. (*Avis instructifs pour un voyageur.*) Berlin 1738 , pag. 118.

chair sans os, qu'on a pris pour un doigt, ou, si des recherches suffisantes ont incontestablement prouvé le contraire, les liqueurs de
l'œuf femelle auroient ici agi avec la même activité sur les organes
de l'animalcule spermatique, que le sperme mâle, selon M. Bonnet,
agit sur le germe organisé de la femelle. Je tâcherai d'expliquer le
premier cas par les marques, ou envies, que quelques enfans ap-
portent au monde ; pour le second, nous ne pouvons pas encore
dissiper les ténèbres dont il est enveloppé. En parlant des jumeaux,
j'ai déjà fait mention des monstres qui se sont joints en croissant.
Ce que j'y ai dit de la destruction de certains fœtus foibles par de
plus forts ; a aussi lieu pour tous les monstres, à qui il manque
certains membres, avec cette réserve cependant , qu'ici, non-seulement quelques-uns de ces membres sont souvent détruits par la
force plus grande de l'accroissement d'un organe voisin, mais qu'ils
sont aussi déplacés et écartés. Quand donc ces accidens proviennent du défaut d'un membre, qui ne se trouve point où il devroit être, on en apperçoit ordinairement quelques vestiges à l'endroit où il manque , et on peut alors l'attribuer à des causes
qui n'ont eu lieu qu'après la conception du fœtus. Mais s'il ne paroît aucun vestige du membre, et s'il manque entièrement, on peut
croire que l'origine de ce défaut remonte au tems même de la formation de l'animalcule spermatique, dont le fœtus est provenu. Ces
accidens peuvent donc résulter aussi-bien du défaut d'une certaine
force plastique dans la liqueur spermatique mâle, que de celle qui
est nécessaire au développement interne de l'animalcule spermatique ;
et des parties , ou membres, peuvent bien aussi dans l'organisation
extérieure foible et délicate du corps auquel ils appartiennent, être
séparés, rompus, fléchis ou déplacés, en se froissant et se blessant
mutuellement ; ces mêmes accidens peuvent aussi arriver dans les parties

ties femelles de la génération , et dans leurs liqueurs , et expliquer les causes tant éloignées que prochaines , non-seulement de ce qu'il manque quelque chose à un fœtus , mais encore de ce qu'il est estropié.

Les marques de naissance, ou envies, qui appartiennent aussi au sujet dont il est ici question, et tout ce qui est contre nature , et qu'on attribue ordinairement à l'imagination des femmes enceintes, a fait naître, parmi les savans, des contestations qui sont encore indécises. La source de l'opinion , qui refuse à l'imagination de la mère, de l'influence sur le fœtus, peut nous être indifférente. M. de Maupertuis, entr'autres, a attaqué, dans sa *Vénus physique* , cette prétendue erreur. Où les autres ont vu une souris sur le cou d'une jeune fille, et un poisson sur le bras d'un autre, lui, il n'a pu voir là qu'une tache noire et brute, et ici une rayure ou raie difforme. S'il a fait ces recherches dans l'idée de voir les originaux, où il ne s'en présentoit que les copies , leur résultat n'a véritablement pas pu répondre à son attente. Il y avoit cependant des taches où il n'auroit pas dû s'en trouver, et les mères de ces jeunes filles n'auroient point été en état d'en rendre raison , si elles n'avoient vu ni le poisson , ni la souris. Les conséquences qu'on tire de pareilles observations, ne peuvent donc rien établir, ni rien détruire ; mais aussi on rencontre un si grand nombre d'accidens de cette sorte dans la nature , qu'on en formeroit des collections assez considérables, si on vouloit les rassembler. Je ne ferai ici mention que de quelques fœtus dont parlent les auteurs, dans leurs ouvrages, ou que j'ai vus moi-même, et dessinés. Je commencerai par une jeune fille née dans la Nouvelle-Marche, en 1768 , qui avoit deux ans, quand M. le docteur Schoenwald la dessina, et en fit la description ; son histoire est insérée dans le sixième volume des *Collections*

M

de Berlin, pag. 565. La mère étant à mi-terme, voyant un singe pour la première fois, et sans s'y attendre, en fut effrayée au point qu'elle en tomba à terre, et en eut un accès de fièvre. Cet enfant, qui étoit son douzième, étoit, en naissant, couvert de véritables poils de singe en différens endroits du corps, et particulièrement sur le dos ; il faisoit aussi, quand M. Schoenwald le vit, différens mouvemens de singe, aussi-bien avec les mains, qu'en altérant certains traits de son visage. Ce phénomène, dit-il, met hors de tout doute l'action de la force de l'imagination des femmes enceintes sur leur fruit, dont plusieurs ne conviennent pas. Ceux qui voudront se donner le plaisir de lire, dans le beau mémoire qu'il a fait sur ce sujet, les preuves ultérieures dont il appuie cette décision, lui refuseront difficilement leur approbation.

M. Fuesslin a publié, dans le vingt-troisième volume du *Magasin d'Hambourg*, pag. 511, le rapport qu'un chirurgien a fait d'un autre monstre, qui étoit effrayant. C'étoit un enfant dont la tête n'avoit ni nez, ni oreilles, ni bouche naturelle ; à la place du nez, il lui pendoit une vessie, avec un col mince ; au lieu de bouche, il avoit un trou rond, semblable à un anus ; au petit doigt de la main gauche, il lui pendoit pareillement une petite vessie en longueur ; les parties extérieures de la génération étoient méconnoissables ; de l'endroit où elles auroient dû se trouver, pendoit aussi une petite vessie à col mince. La mère de cette créature avoit, à la sollicitation de ce chirurgien, donné plusieurs lavemens à une femme malade. Une stérilité de six ans, et la perte totale de ses règles, ne lui laissoient pas soupçonner qu'elle étoit enceinte. On ne peut donc pas dire qu'ici l'imagination de la mère a donné lieu à des analogies forcées, d'autant plus que ce ne fut pas elle, mais le chirurgien, qui imagina le premier qu'elle avoit dû avoir l'imagination frappée, d'une manière fâcheuse, en donnant les lavemens, parce qu'elle l'avoit toujours fait avec dégoût et répugnance. Et la vessie au lieu de nez , de même que la bouche en forme d'anus, indiquent si visiblement l'influence incontestable sur son fruit, de la répugnance qu'elle avoit pour l'instrument et son usage, que l'on ne peut raisonnablement refuser de l'admettre.

On trouve aussi, dans la sixième partie des *Collections de Franconie*, pag. 38, une histoire fort remarquable des effets de l'imagination des femmes grosses. Une femme , qui avoit déjà eu cinq enfans, devint enceinte d'un sixième ; ayant vu par hasard, dans un jardin, une taupe prise dans une taupière, elle ne put probablement s'empêcher, comme il arrive ordinairement, d'en bien considérer les pattes et les ongles, l'enfant qu'elle mit au monde, avoit aux deux petits doigts des mains , un sixième doigt plus petit, parfaitement semblable à pareille partie de la taupe , avec des articulations régulières. Son septième enfant vint au monde avec la même singularité, mais déjà moins marquée ; et même un huitième en avoit encore quelques vestiges, dont il ne parut plus rien dans le neuvième qui suivit. Quelle force secrète se fait ici sentir? qui oseroit le nier ?

On voit ici, dans le lieu de mon domicile, un homme fait, marqué d'une tache pourprée, qui lui prend la moitié du visage, dont la mère, qui a eu plusieurs enfans, dont la physionomie tenoit plus de la sienne que de celle du père , m'a dit que, pendant qu'elle étoit enceinte de cet enfant, faisant un jour cuire des œufs, il lui sauta du beurre fondu sur la joue gauche ; que la douleur aiguë qu'il lui causa, la lui fit essuyer bien vite avec la main ; et c'étoit du même côté que cet homme étoit marqué.

Une fille de huit à neuf ans nous offre encore , à peu de distance de mon domicile, un exemple de ce genre ; elle est née avec

M 2

les intestins qui lui sortent du corps. Tous les secours de la chirurgie ont été jusqu'ici inutiles à cette malheureuse, parce qu'il n'est pas possible de fermer l'ouverture qui lui met la vessie à découvert, en suppléant d'une manière quelconque au défaut de la peau. On ne lui voit non plus aucune marque de sexe. Sa mère donne pour unique cause de ce fâcheux accident, son imagination frappée à la vue des intestins qu'elle fit sortir par hasard du corps d'un coq, en le chaponant.

On a vu, il y a quelques années, dans le pays de Wurzbourg, un autre exemple de ces effets de l'imagination. Une femme y mit au monde un monstre à deux têtes, affreux à voir, que tous ceux qui le virent reconnurent aussi-tôt pour la même figure effrayante, qu'un charlatan avoit exposée sur ses tréteaux, quelque tems auparavant. Mais ce qui prouve encore mieux cette fatale influence de l'imagination, c'est l'aveu même de la femme qui a reconnu qu'il ne lui avoit pas été possible, quelque effort qu'elle fît, de ne pas regarder cette figure, et qu'il n'avoit pas été en son pouvoir de se retirer et de s'en aller.

D'une autre femme est né, dans mon voisinage, un enfant avec une tête de chien. Un chasseur l'ayant trouvée dans un abattis récent d'herbes, anima son chien contre elle, dont la vue l'effraya au point qu'elle en tomba évanouie.

On dit aussi qu'à Erfurt, et je le tiens de M. Alix, professeur à Fulde, la femme d'un chirurgien, ayant assisté à l'amputation d'un bras, que faisoit son mari, donna le jour à un fils à qui le bras manquoit au même endroit où l'amputation à laquelle elle avoit assisté avoit été faite. Il est aussi arrivé, dans mon voisinage, qu'une femme est accouchée d'un enfant qui n'avoit qu'un bras; la cause de cet accident étoit, croyoit-on, son imagination frappée, de ce que les chevaux d'une voiture, dans laquelle elle se trouvoit étant enceinte, ayant pris le mors aux dents, le cocher étoit tombé de manière qu'il paroissoit avoir perdu un bras, qui étoit réellement cassé.

Il faut que je fasse enfin encore mention d'une vache monstrueuse, née dans mes étables. La figure en taille douce s'en trouve dans le cinquième volume, pag. 241, des *Nova acta acad. nat. curios*, d'après celle que j'en ai envoyée à M. Delins, conseiller de la cour à Erlang. Cette vache étant pleine, avoit été effrayée à la vue d'un renard écorché, qu'un chasseur avoit jeté sur le chemin par où elle passoit, et dont un charriot avoit brisé les reins en passant dessus, ce qui avoit fait faire à la vache un saut de côté· Quelques mois après, elle donna le jour à un être d'une figure tout-à-fait semblable à celle de ce renard, dont la fille de basse-cour l'aida à se délivrer, étant venu mort au monde. Les domestiques des deux sexes qui, jusqu'alors, n'avoient point pensé à lui, le reconnurent aussi-tôt, et personne ne put douter que son existence ne dût être uniquement attribuée à l'imagination de la vache qui en avoit été frappée.

Je puis croire que ce petit nombre de faits suffit pour prouver et confirmer l'action et l'influence de l'imagination de la mère sur son fruit, et pour mettre fin à toute contestation sur ce sujet ; la manière dont opère cette influence, n'est connue que de celui qui en a placé le principe secret dans la nature, et la raison se tait ici, quand nous voulons la faire parler ; elle nous permet tout au plus de hasarder quelques conjectures, d'établir quelques analogies: nous voulons et nous devons nous en tenir là.

Cette variété si grande de physionomie, d'inclinations, de qualités, dont nous avons déjà fait mention, que les enfans ont de commun avec leurs mères, nous a convaincus de la force de l'impression

qu'elles peuvent faire sur les organes des fœtus tendres et susceptibles de toute sorte d'impressions ; il faut donc qu'il existe certaines voies , certains vaisseaux , qui forment une liaison médiate
ou immédiate entre la mère et son fruit, quoiqu'il paroisse n'avoir
presque point de communication avec elle, car comment pourrions-
nous, sans cela, conclure ici de l'effet à la cause ? Les mêmes vaisseaux qui portent la nourriture au fœtus par le placenta, peuvent
donc aussi y porter , par l'impulsion des passions , des liqueurs
subtiles disposées à recevoir certaines conformations. Dès impressions puissantes et proportionnées à la destination de ces liqueurs,
faites, lors de la conception, sur l'animalcule spermatique , qui a pénétré dans la matrice, avoient aussi déjà précédé , et les premiers
linéamens de la ressemblance avoient été tracés. Ces liqueurs subtiles de la nature plastique , qui est ici abandonnée à elle-même ,
coulent dans un doux calme, vers le lieu de leur destination ; mais
si , par des causes extérieures, telles que les effets de la crainte et
de l'épouvante , elles sont troublées, si leurs directions spécifiques
sont altérées, changées, leur action sur le fœtus devient alors tu-
multueuse et orageuse , et elles le déforment en proportion des
causes qui en sont le principe. Il est vrai que l'on pourroit, comme
M. de Maupertuis, objecter à cela , que ce cas devroit souvent
avoir lieu , puisqu'il est presqu'impossible que dans le cours de
neuf mois , une femme ne soit pas effrayée par quelque animal,
ou qu'elle ne soit agitée par le desir de goûter de quelque fruit.
Mais pour peu que l'on ait étudié les divers tempéramens des
hommes, et que l'on sache que la violence de l'un, n'est pas toujours
égale à celle de l'autre, cette objection disparoît entièrement. Aussi
ce qui dérange le système nerveux de l'un , en l'affectant le plus
légèrement, est à peine sensible dans un autre, dont les nerfs sont

(95)

beaucoup plus fermes. De-là vient aussi que nous voyons journellement que , dans beaucoup de femmes enceintes , les accidens les
plus imprévus et les plus effrayans , sont sans aucune conséquence ,
tandis que dans d'autres, au contraire, la vue subite d'une araignée,
d'une souris , d'un oiseau , etc. , est souvent suivie des effets les plus
fâcheux pour leur fruit.

En parlant de la femme , qui a mis au monde un enfant marqué d'une tache pourprée, l'observation que j'ai faite, qu'il se trouvoit plus de ses traits dans la physionomie de plusieurs de ses
enfans , que de ceux du père , n'étoit pas sans dessein. Comme cela
prouve une activité particulière dans les impressions que le fœtus
reçoit de la mère, il importeroit de savoir si , par des observations
exactes sur ce sujet , les mères à qui les enfans ressemblent davantage, sont plus exposées à communiquer de fâcheuses impressions à
leur fruit, que celles à qui leurs enfans ressemblent moins.

§. 67. Mais quelle a dû être la force de l'imagination de la
mère , pour donner aux doigts de la main d'un fœtus , la conformation de ceux des pattes de taupe , et propager cette singularité dans trois fœtus de suite, jusqu'à former même un doigt ar-
ticulé ? Ceci ne diminue pas peu la difficulté que j'ai exposée
plus haut, à l'occasion du fils de Marie, fille de Gratio , qui avoit
onze doigts aux pieds ; mais d'un autre côté mon étonnement en
augmente d'autant plus. Comme la réalité des phalanges de ce
doigt n'est point prouvée anatomiquement, on pourroit , il est vrai,
pour l'explication de cette difficulté , recourir aux liqueurs femelles
qui se seroient accumulées et comme entées et durcies dans le doigt
du fœtus ; et pour les deux suivans, on supposeroit donc les deux
grossesses , dont ils ont été le fruit, l'action de la peur réunie aux
images les plus vives, qui se seroit emparées des sens de la mère.

Mais comme les particules qui doivent ici former des doigts d'homme,
y forment des doigts de taupe, et produisent de nouveaux organes,
qui n'existoient pas auparavant, le fait pourroit bien demeurer un
mystère inexplicable.

§. 68. Je n'ai plus que deux mots à dire sur les bâtards. M. Bonnet
les range dans la classe des monstres, parce que, selon lui, ils ne
se reproduisent point. Le contraire pourroit bien aussi être démontré pour la mule et le serin de Canarie bâtard (77), avec plus de
certitude que bien des assertions qu'on donne pour démontrées;
quoique cependant l'on fasse des monstres de ces animaux, cette
dénomination, du moins à mon avis, suppose toujours, comme je
l'ai déjà dit, l'idée de quelque chose de difforme et de contrefait; et
souvent on admire, au contraire, dans les deux bâtards, par exemple,
dont nous venons de parler, leur beauté et leur belle conformation;
et dans les haras considérables, on fait un cas particulier d'une
belle race de mulets. Quant à la reproduction de ces animaux, je
puis être ici d'autant plus court, qu'il en a déjà été assez parlé §. 36,
et que tout ce que j'en ai dit, et des bâtards en général, offre des
preuves parlantes pour la génération par les animalcules spermatiques. Ils tiennent tous plus du père que de la mère. Si le père a des
cornes, le bâtard qu'il engendre en a aussi; mais il n'en a pas,
quoique la mère en ait, si le père n'en a pas. De la première espèce est le mulet provenu du cerf et d'une jument; le kumrat et
le jumart sont de la seconde. Les pieds et les autres extrémités
tiennent aussi, pour la plupart, plus du père que de la mère, qui
ne donne ordinairement que le poil, la couleur et la grandeur.

---

(77) *Selecta physico-œconom.*, cap. XII, pag. 440.

§. 69.

§. 69. Je laisse aux naturalistes qui se sont instruits sur l'importante matière de la génération , par les expériences qu'ils ont
faites eux-mêmes , à examiner le peu que j'ai recueilli sur ce sujet.
Ils me diront, peut-être , que j'ai été bien hardi de m'engager
aussi dans cette région de ténèbres, où les plus grands philosophes
ont déjà bronché. Je me le suis dit aussi, et j'avouerai de plus que
j'en ai couru les hasards, étant éloigné de tout conseil , privé du
commerce d'amis savans, et sans une provision suffisante de livres
et d'ouvrages sur ce sujet. Je crains même de m'être quelquefois
exprimé d'une manière trop décisive ; mais j'espère de l'équité de
mes critiques, qu'ils me passeront les endroits où j'ai pu m'oublier,
en faveur du plus grand nombre de ceux où je ne donne que des
marques de ma déférence, et du desir que j'ai de m'instruire. Un
savant respectable disoit qu'il avoit toujours fait plus de cas de
celui que la passion de la recherche de la vérité fait tomber dans
des erreurs , que de celui qui ne s'occupe d'aucunes recherches.

N

TABLEAU

Des Echelles de la progression et des métamorphoses qui ont lieu dans le règne animal et dans le végétal.

ANIMAUX A MAMELLES.	OISEAUX.	INSECTES.	PLANTES.
OEuf dans la matrice.	OEuf dans la matrice.	OEuf dans la matrice.	OEuf de la semence dans l'ovaire.
Animalcule spermatique.	Animalcule spermatique.	Animalcule spermatique et ver.	Germe de la semence.
Poupée dans l'arrière-faix.	Poupée dans l'arrière-faix, ou dans la coque de l'œuf.	Poupée dans l'arrière-faix (*).	Poupée dans les enveloppes seminales, ou dans l'arrière-faix.
ANIMAL.	POULET.	PAPILLON, MOUCHE, etc.	PLANTES.
Il étoit enveloppé dans l'arrière-faix, le chorion et l'amnios. Il abandonna ces enveloppes en naissant.	Il étoit enveloppé dans l'arrière-faix, le chorion et l'amnios. Il abandonna ces enveloppes et perça la coque, ou l'arrière-faix.	Ils étoient environnés de l'arrière-faix, du chorion et de l'amnios. Il ouvrit ces enveloppes et les abandonna.	Elle étoit environnée de l'écorce et des deux peaux qui sont dessous. Elle perça ces peaux et les laissa dans la terre.

(*) La formation de la peau de l'insecte, comme ver, est une propriété particulière de l'arrière-faix, qui est aminci et disposé à se prêter pour la formation des parties plus dures, qui doit se faire sans elle.

SECTION SECONDE.

Des Animalcules d'infusions.

§. 70. Des naturalistes aussi savans que célèbres, des observateurs même de nos jours, dont il semble que le doute sur l'existence des êtres animés que nous appelons animalcules d'infusions, auroient dû être entièrement dissipé par l'usage des instrumens microscopiques, ne prenant pas garde qu'ils donnoient une idée désavantageuse, et de leurs instrumens et de leur manière d'observer, se sont armés de toutes les ressources de leur esprit contre ces pauvres créatures, et se sont efforcés souvent, on pourroit dire jusqu'au dégoût, de prouver ou qu'ils n'ont rien vu, ou qu'ils n'ont pas bien vu, et même que leurs recherches n'ont abouti qu'à les confirmer dans leurs doutes et leurs oppositions, sans pouvoir les conduire au but qu'ils se proposoient. Une des dernières attaques qu'ont essuyées ces animalcules, a été de la part de l'auteur d'une longue note, dans le premier volume de la traduction du *Théâtre des arts et métiers* de Schreber (1) ; mais elle est si peu philosophique et tellement dépourvue de connoissances microscopiques, qu'elle ne mérite pas une réfutation particulière. Le laborieux et habile Goeze, pasteur à Quedlimbourg, l'a cependant honoré de la sienne (2). D'un autre côté, le célèbre Linnée n'a voulu ni leur donner place dans son système de la nature, ni les re-

(1) Beckman, phys., etc. *Bibliothèque phys. de Beckmans*, tom. I.

(2) Mémoire de M. Bonnet, extrait de l'*Insecto-théologie*, etc. pag. 228.

garder comme des animaux ; et M. de Buffon n'a pas pu les voir dans de l'eau d'huîtres, et dans une infusion de poivre, quoiqu'il eût joui, sans pouvoir s'en lasser, du spectacle que lui offroient les animalcules d'une infusion d'œillet, et qu'il en eût aussi apperçu dans l'infusion de testicules d'animaux coupés par morceaux.

§. 71. Mais aussi il en est d'autres qui les ont vus, décrits et dessinés. Je n'en citerai que quelques-uns, tels que Backer (3), Jabolet (4), Réaumur (5), Needham (6), Wrisberg (7), Spallanzani (8), Ellis (9), et Saussure (10).

§. 72. Mais ce que nous savons de plus récent et de plus important sur ce nouveau monde, nous le devons à M. Muller, conseiller d'état à Copenhague, qui a enrichi l'histoire naturelle d'un second ouvrage, que les naturalistes ont reçu avec un applaudissement général. Il y règne une érudition profonde, beaucoup de connoissances, de sagacité, et un esprit observateur peu commun (11); et le dernier qui a observé ces animalcules, et qui a fait des re-

---

(3) *Le microscope à la portée de tout le monde.*

(4) *Descriptions et usages de plusieurs nouveaux microscopes*, etc. Paris 1754.

(5) *Histoire des insectes*, tom. IV, part. 2, pag. 190, édit. d'Amsterdam.

(6) *Nouvelles observations microscopiques*, page 200.

(7) *Observationum de animalculis infusor. satura.*

(8) *Mém. physico-mathém.*

(9) *Transa. philos.*, tom. LIX, pag. 143, et *Biblioth. physico-œconom.* de Beckman, page 420.

(10) Mém. de M. Bonnet, tiré de l'*Insecto-théologie*, etc., pag. 444.

(11) Le premier ouvrage parut en 1771, sous le titre de *Von wuermern des*, etc. (des vers d'eau douce et d'eau salée, etc.), et il en est fait mention dans la *Biblioth. phys. œconom.* de Beckman, tom. III, pag. 53, et dans les *Berliner Sammlingen*, (*Collections de Berlin*, tom. IV, pag. 94.) Le second, dont il s'agit

cherches sur leur génération , est M. Goeze, dont je viens de parler, savant doué de toutes les qualités qui font le naturaliste pro-
fond, et qui s'est fait connoître , non-seulement par des traductions
et de belles observations qui lui appartiennent, mais aussi comme
habile et laborieux coopérateur des travaux de la *société des curieux de la nature* de Berlin , des différentes collections de la même
ville, et d'autres ouvrages périodiques d'histoire naturelle.

§. 73. Quoique M. Muller ait poussé ses observations au point
de pouvoir être assujetties à un ordre systématique , qu'il ait découvert jusqu'à 149 espèces d'animalcules d'infusions (12), et qu'il
en ait fait la nomenclature , je basarderai cependant de faire part
aux amateurs de cette sorte de recherche, de ce que je suis parvenu à connoître des secrets que la nature sembloit s'être réservés
touchant ces animalcules , des conséquences que mes découvertes
m'ont presque forcé d'en tirer , et de la manière dont elles résultent

---

ici , parut à Leipsick en 1773, sous le titre de *Vermium terrestrium , et fluvia-
tilium, seu animalium infusiororum, succincta historia ,* dont quelques extraits
de la traduction de M. Goeze ont été insérés dans le sixième volume du
Berliner Sammhingen , dont il vient d'être question. C'est du premier ouvrage
que parle M. Erxleben , professeur à Gottingue , dans le *Physikal-bibliotek ,*
Il en porte un jugement avantageux , et qui répond à son savoir distingué , et
à ses connoissances en histoire naturelle.

(12) Il auroit été à souhaiter que M. Muller eût voulu nous faire mieux connoître , en même-tems , par de bonnes figures , ses 149 espèces, qu'il ne l'a
fait par la nomenclature qu'il en a donnée. Quoique les opinions botaniques de
Linnée diffèrent de celles de Tournefort , les genres de plantes du botaniste
suédois , expliquent les renvois aux figures du botaniste français , avec une
évidence qu'on ne peut jamais attendre du discours , quelle que soit l'adresse avec
laquelle il est employé.

les unes des autres. Je ne parlerai, à mon ordinaire , que le langage de la nature, je me garderai de cette prolixité assommante , et de ces termes et ces phrases souvent inintelligibles pour les auteurs même qui en font usage.

§. 74. Les ténèbres répandues sur l'origine des animalcules , et l'incertitude des naturalistes, qui les ont vus et admis, sur la classe des animaux dans laquelle il convenoit de les ranger, ont été la pierre d'achoppement, et ce qui a le plus empêché jusqu'ici qu'on parvînt à les connoître. Comme on n'avoit pas examiné assez attentivement les parties vraiment constitutives de ces animaux, ainsi que les produits des infusions des graines , et les mouvemens intérieurs du sperme des animaux, on a confondu les animalcules de sperme avec ceux des infusions de graine ; cette erreur a été commise par des observateurs qui n'étoient pas faits pour en être soupçonnés ; on a attribué aux uns et aux autres les mêmes propriétés , en un mot , on les a regardés comme une seule espèce d'êtres. Telle étoit à-peu-près l'opinion de M. Needham (13) ; mais c'est par l'imperfection de son microscope qu'il est tombé dans cette erreur. M. de Buffon, qui l'a partagée, n'a vu que , sous des apparences équivoques, la queue des animalcules spermatiques , et il n'y a pas d'observateur qui en considérant l'imperfection des figures qu'il a données de ces deux animalcules dans son ouvrage , ne lui pardonne sa méprise : il est évident qu'il ne les a vus qu'à travers un brouillard et dans l'éloignement , et qu'ainsi il a dû croire qu'ils étoient plus ressemblans qu'ils ne le sont effectivement , et qu'ils ne le paroissent quand on les observe plus attentivement et avec de meilleurs instrumens microscopiques.

------

(13) *Nouvelles observations microscopiques* , pag. 214 et 242.

§. 75. La chose est importante , et mérite d'être mise dans un jour qui fasse voir la foiblesse des conséquences erronnées auxquelles elle a donné lieu, et pour en garantir l'histoire naturelle à l'avenir , je vais essayer jusqu'à quel point je pourrai y réussir. Mais je suppose qu'un observateur, dans les recherches qu'il fait sur ces animalcules, après s'être servi d'une plus foible lentille , et, ce qu'il faut bien remarquer, en faisant usage du microscope simple, par exemple, de la lentille N°. 3, qui fait paroître le diamètre de l'objet 60 fois plus grand , lui en substitue une, qui le fait paroître 300 à 400 fois plus grand , d'après la méthode que j'emploie dans mes observations, et dont je rendrai compte dans la dernière section.

§. 76. Si l'on examine , avec une forte lentille , et avec les précautions convenables, du sang encore chaud, et les liqueurs récentes des animaux (j'en excepte cependant celles des *épididymes*), on n'y remarquera jamais le moindre être qui ait vie , mais, tout au plus seulement, dans le sang récent , des petits globules , se mouvant avec lenteur en avant, et se rencontrant en vertu de leur force d'attraction. La conséquence que tout est animé, qu'en ont tirée plusieurs naturalistes , pourroit donc bien avoir été un peu trop précipitée; au moins nos lentilles actuelles ne sont point encore en état d'en fournir la preuve ; au lieu que l'observation d'un sperme encore chaud, sur-tout un peu délayé auparavant avec de l'eau tiede, nous fait voir une foule d'animalcules fort vifs , et avec des queues.

§. 77. M. de Buffon, qui crut en avoir rencontré par-tout, à sa manière, prit pour ses *molécules* qu'il avoit vues d'abord, des animalcules qu'il dit avoir trouvés dans du sperme qui étoit figé depuis plusieurs jours; mais comme les animalcules spermatiques, au moins ceux de l'homme, vivent à peine un quart d'heure dans le sperme froid, et tout au plus deux ou trois heures quand on le

tient chaud, les animalcules qu'a vus M. de Buffon, n'ont dû avoir
été tout au plus que de vraies molécules, et non des animalcules
spermatiques. Je ne croyois pas, je l'avoue, qu'il auroit vu nager sous ses yeux, des animalcules spermatiques dans du sperme
froid depuis 24 heures, et encore moins dans du sperme même
prêt à se congeler. Les animalcules spermatiques français seroient-
ils donc plus robustes que les animalcules spermatiques allemands?
Plus volatiles, à la bonne heure.

§. 78. Nous allons examiner de plus près la différence qui se
trouve entre les deux espèces d'animalcules, et voir sur quoi elle
est fondée. Nous commencerons par des recherches sur les deux
fluides qui les recèlent.

Le sperme des animaux est composé de parties extrêmement
spiritueuses et volatiles, et des liqueurs les plus pures de l'animal;
et, comme on le verra par mes observations, il contient diverses sortes
de sels visibles. Ses animalcules se voient au microscope aussi-tôt après
son écoulement, ou dans le sperme encore chaud du cadavre qui le
fournit. Les infusions, au contraire, sont des fluides qu'une fermentation qui se reconnoît à son odeur désagréable, doit mettre en mouvement avant qu'il puisse s'y engendrer des animalcules, et l'on
n'y apperçoit aucune trace de sel quelconque.

§. 79. Le séjour des animalcules spermatiques est donc un fluide
pur, spiritueux et salin, qui tue les véritables animalcules d'infusions,
qui naissent dans une eau fétide et corrompue, et que le moindre
acide y fait mourir. Comme ils ne peuvent résister à l'urine qui les
tue presque en un clin-d'œil, ils perdroient certainement la vie
avant que de naître, s'ils devoient y arriver par un canal aussi im-
prégné de sels que celui par lequel les animalcules spermatiques
passent pour parvenir au lieu de leur destination.

Quand

Quand le sperme de certains animaux est conservé, pendant quelques tems, dans des vaisseaux clos, il s'y engendre pourtant quelques animalcules lents, ainsi qu'on l'a observé. Si ce sperme épaissi, au fond duquel il s'est ordinairement déposé beaucoup de parties terreuses, est ensuite mêlé et délayé avec une infusion de chair et un peu d'eau, ces animalcules prennent, en 24 heures, une forme oblongue, et un mouvement de trépidation; mais une addition d'urine les tue aussi-tôt. Or, comme ce sperme agit de la même manière sur les animalcules d'infusions de toute espèce, quoique avec plus de lenteur, et qu'on n'y voit les animalcules dont on vient de parler, que quand il est passé à l'état de putréfaction, il en résulte clairement qu'ils peuvent bien résister jusqu'à un certain point à l'acide salin, parce qu'ils ont comme changé de nature; mais ce ne sont cependant que de vrais animalcules d'infusions, et bien différens des animalcules qui séjournent dans un sperme récent et sain, comme les figures le font aussi voir.

§. 80. La forme, la grandeur de ces animalcules, et la manière dont ils se meuvent offrent d'autres différences. Dans plusieurs centaines d'infusions, que j'ai observées, je n'ai pas rencontré une seule fois un animalcule qui eût la forme d'un animalcule spermatique, ni une queue comme lui. Le corps de ceux d'infusions est cependant moins transparent que celui des autres, et leur marche, quoiqu'elle ait presque la même vivacité, a cependant un peu moins de vitesse que celle de la plupart des autres animalcules, sur-tout des *pendeloques* (14), qui, par la contraction de leur corps vesi-

---

(14) J'ai cru que ce nom convenoit aux animalcules auxquels je le donne, dont la forme ordinaire est celle des pendeloques des boucles d'oreilles de femmes. On trouvera plus bas, dans les observations, la nomenclature des autres espèces.

O

culaire , par ses raccourcissemens , rétrécissemens et alongemens multipliés , se meuvent avec plus de rapidité que les poissons , se jettent de côté et d'autre en fendant le fluide , font souvent des haltes subites , retournent , prennent une autre route , ou se reposent en prenant la forme d'un globule , ou , comme une roue située horisontalement , se tournent et retournent dans la même place avec une vitesse incroyable , le plus souvent sur le côté convexe de leur corps. On ne voit rien de tout cela dans les animalcules spermatiques qui ne se meuvent que d'une manière assez incertaine, en se portant directement en avant, ou en serpentant, et quelquefois avec peine. Mes observations en offriront des preuves aux yeux, dans la troisième section, autant que des figures peuvent le permettre. Prétendre encore , après cela , presque confondre les animalcules spermatiques avec ceux des infusions, c'est comme si l'on vouloit nous persuader que les vers de vinaigre et ceux de moucherons sont les mêmes , parce qu'ils vivent les uns et les autres dans un fluide. Il est donc manifeste que , comme les animalcules spermatiques ont une origine et une destination plus noble que ceux des infusions, il faut les considérer comme deux espèces absolument particulières, et des parties distinctes du systéme des choses créées.

§. 81. Je me suis expliqué d'une manière précise dans la section précédente , sur l'origine et la naissance des animalcules spermatiques. Je vais dire ici ce que je pense de celle des animalcules d'infusions, disposé à sacrifier , de bon cœur , mon opinion sur l'un et l'autre sujet , à celle des autres naturalistes et observateurs, aussi-tôt que de meilleures observations , des explications et des preuves victorieuses m'auront convaincu qu'elle doit céder à la leur. Les deux espèces d'êtres dont il est ici question en seront aussi, j'espère, mieux distingués, et moins aisés à confondre ; et la conjecture de Leuwenhoeck, *que les animalcules spermatiques doivent avoir incontestablement une autre origine que ceux d'infusions*, sera pareillement confirmée. Nous examinerons auparavant les opinions de quelques-uns de mes prédécesseurs sur ce mystère caché de la nature, et enveloppé de tant d'obscurités.

§. 82. M. de Buffon a donné la préférence à la fermentation, M. Needham à la végétation, et, parmi plusieurs autres, MM. Backer et Reaumur, aux œufs de mouches invisibles, et enfin M. Bonnet aux œufs préexistans dans les infusions, ou qui y tombent de l'air. Mais les conjectures de M. Muller paroissent avoir pénétré le plus avant dans ce mystère. Je ne puis m'empêcher de dire qu'en lisant la préface de son excellent ouvrage, dont j'ai parlé plus haut, j'ai été ravi du vrai, du grand et du sublime, que j'ai trouvé dans ce qu'avance cet heureux esprit observateur, et quoique mes observations soient plus anciennes de quelques années, et analogues aux siennes, j'ai admiré celles-ci comme neuves et inattendues, et comme s'accordant très-bien avec mes *germes originaux* ; il suppose que les fœtus sont formés d'avance : « ils ne paroissent » à nos sens que comme des molécules brutes, dépourvues de » toute organisation. Ce sont les plus simples de tous les ani- » malcules, différens cependant de tous les êtres microscopiques, » tant dans leur substance que dans leur organisation, et ca- » pables de produire toutes les formes d'animaux et de plantes, » en se mêlant avec plus ou moins de matière terreuse ; et quand » ce mélange n'a pas lieu, ils servent à augmenter le suc nerveux, » les esprits animaux, et à l'accroissement de l'animal. A la mort » du corps ils recouvrent leur liberté, recommencent alors une » nouvelle vie, et du même genre que la précédente ; passent comme

» germes des graines dans le règne végétal , d'où ils repassent ,
» dans la suite , dans le règne animal , etc. » Il seroit , sans doute ,
difficile à l'esprit humain de pouvoir imaginer une hypothèse
qui offre plus de vraisemblance ; mais elle suppose aussi des
recherches dont ne sont capables que ceux qui sont doués de
l'intelligence qu'elles exigent. Les observations que j'ai faites ,
ne me permettent pas cependant d'adopter , en général , ces opinions ; je ne pourrai guère le faire que quand il sera question ,
non pas tant de l'origine que de la propagation des animalcules
d'infusions.

§. 83. M. de Munich-Hausen a pris pour principe de sa théorie
de physique générale , que *la nature des choses n'est que le mouvement :* nous appercevons dans le sperme des animaux deux mouvemens qui diffèrent l'un de l'autre , que j'appellerai *intérieur* et
extérieur, ou *spiritueux* et *animal.* Le mouvement intérieur résulte
de la séparation des esprits, avec la matière , dans la fermentation des fluides ; ce qui opère la décomposition , déjà adoptée par
M. Muller, de la matière première des particules animales et végétales qui s'y trouvent , et les met dans ce mouvement que nous appercevons aux petites bulles qui semblent nous faire voir au microscope un mouvement de coction , et que j'appelle *mouvement
radical.* Mais ces particules organiques sont encore , dans cet état ,
aussi éloignées d'être animalcules d'infusions, que l'animalcule spermatique dans les liqueurs des vesicules spermatiques de l'animal
est éloigné d'être l'animal de l'espèce dont il est animalcule.

§. 84. Mais quelle est la force , quel est le moyen par lequel la
nature rend ces particules visibles ? Question qui peut se faire ,
et qu'il nous faut essayer de résoudre , avant d'aller plus loin. Une
longue suite d'observations faites , pendant plus de 15 ans , souvent

sans interruption pendant des mois entiers, sur un grand nombre d'infusions animales et végétales, m'autorisent à croire que je pourrai au moins en quelque manière y parvenir. Cette confiance en mes observations, fruit d'un travail si long-tems continué, et en des connoissances peut-être encore fort imparfaites, sur un sujet si abstrait, devroit sans doute être modéré par la crainte qu'on ne me taxe de témérité, de proposer une théorie exposée de nos jours à tant de contradictions, et traitée d'hérésie ; et sachant d'ailleurs avec quelle chaleur s'élève contre elle entr'autres M. Bonnet, l'un de nos meilleurs naturalistes, dans ses *Considérations sur les corps organisés*, où il demande quel est le philosophe qui pourra se déterminer à admettre, sur la manière dont se reproduisent les animalcules d'infusions, une théorie qui suppose que la matière même de l'infusion se transforme en de semblables animalcules ? Physique, dit-il, que la raison et l'expérience contrediroient avec une égale force, etc.

§. 85. On reprochera peut-être à ma théorie de s'étendre au-delà des bornes de nos connoissances actuelles sur la génération ; mais quand cela seroit, y auroit-il donc un si grand mal de vouloir sortir de la foule, pour ne plus se traîner à la suite des noms célèbres, mais de juger par nous-mêmes des objets de nos connoissances, selon la mesure de l'intelligence qui nous est départie? Et véritablement je ne sais si l'idée que la toute-puissance et la sagesse du créateur a pu dans le commencement imprimer, aux élémens, la force d'opérer la formation du corps par le concours des atômes destinés à l'organisation, n'est pas plus noble et plus relevée que celle qui ne nous le représente, pour ainsi dire, que comme un faiseur d'*hommes*, tandis que nous voyons journellement qu'il est donné aux élémens de composer et de décomposer, conformément aux loix générales , et qu'ils sont ainsi les magasins des principes de tous les êtres possibles de notre planète auxquels ils doivent leur existence , leur conservation , et qui sont le *résidu* de leur dissolution finale. Ne seroit-il pas ridicule de prétendre que cette force plastique primitive , qui a tiré du chaos tous les corps qu'embrasse le plan de la création , ait conservé , en général , la même vigueur qui brilloit en eux quand ils en ont été tirés ? Non ; ils ne sont plus ce qu'ils étoient dans le printems de leur existence. Les corps ont subi des altérations ; des parties aqueuses ont été figées et enlevées à leur élément ; l'air et la terre , et peut-être aussi le feu , y ont mêlé des parties étrangères ; les altérations et les mélanges des élémens qui se sont faits , ou par les évaporations , suite de la corruption et de la résolution des corps , ou par les transformations que la nature et l'art ont opérées des parties aqueuses en parties solides , des parties solides en parties molles , des acides en douces , des douces en acides , etc. les ont mis hors d'état, dans toute l'immensité de l'étendue qu'ils remplissent, de répondre presque en aucune manière à leur première destination ; mais la sagesse de l'auteur de la nature y a pourvu par les organes et les forces plastiques propres à toutes les espèces de créatures formées par les élémens, qu'il a placées sur la scène , où elles parcourent la carrière de leur existence , avec la faculté de se reproduire. Mais, diront quelques personnes qui veulent toujours se prévaloir de l'autorité de la bible contre la physique, Moïse ne dit-il pas que Dieu a formé l'homme de la terre, et qu'il lui a inspiré un soufle de vie ? mais si , au lieu de parler figurément, Moïse avoit parlé en philosophe aux hommes de son tems, l'auroient-ils mieux entendu que ceux en présence de qui parloit Josué , ne l'auroient compris, s'il avoit dit : *terre , arrête-toi.* Je veux bien qu'en formant son image le créateur ait fait une exception dans le système général de la création ; où lit-on cependant qu'il a peuplé de cette manière tout le règne animal et le végétal ? que l'éléphant et le moucheron ont été formés comme l'homme ? Qu'est-ce que ne nous offre pas aussi le règne minéral ? Qui est celui qui prétendroit que les substances métalliques, les cristaux et les sels ont été créés, dans la force du terme ? En vain espérons-nous, dit M. de Buffon, de connoître la nature en nous fatigant à étendre, ou plutôt à resserrer les bornes qui la circonscrivent ; les jugemens que nous en portons n'ont pas plus de vraisemblance, et beaucoup moins encore de certitude dès que nous la faisons agir suivant certaines vues particulières. Pourrions-nous bien croire que nous pénétrons dans les desseins du tout-puissant, quand nous ne faisons qu'expliquer et plier à nos idées les effets que nous voyons dans la nature ? Ne seroit-il pas beaucoup plus sage de nous représenter la toute-puissance dans son immensité, que de lui assigner des bornes, comme nous le faisons ? Sous ce point de vue nous aurions raison de ne regarder rien comme impossible, de tout attendre de la toute-puissance, et de nous représenter, comme existant réellement, tout ce qui n'est que possible.

§. 86. Dans le paragraphe précédent, j'ai donné le mouvement et la séparation de la substance spiritueuse avec la matérielle, comme le principe de l'organisation qui s'opère dans les infusions ; mais il faut maintenant faire quelque chose de plus ; il nous faut chercher quelles sont les premières dispositions que fait la nature pour vivifier la matière. Mais quelle petitesse dans les objets qui se présentent ici à nos recherches ! qui sait à quelles importantes découvertes ne peuvent pas conduire, nous, ou nos descendans, ces petits êtres nouveaux dans le monde physique, qui ont été si long-tems inconnus. L'histoire du baromêtre et celle de l'électricité, peuvent en servir d'exemple ; et de la connoissance des gas, que n'en résultera-t-il pas , quand la vérité se sera élevée au-dessus des contradictions ?

§. 87. Si nous remontons au principe des choses qui forment les trois règnes de la nature , nous n'en trouverons pas d'autres que l'*eau* ; c'est dans cet élément que tout doit se développer, tout ce qui a vie et accroissement doit être formé, nourri , entretenu et dissous par l'eau, ou dans cet organe universel de la nature. C'est dans l'eau qu'elle recèle ses plus grands mystères, et avec nos meilleurs verres , nous ne voyons que de l'eau , et jamais autre chose que des effets sans causes ; mais les observations microscopiques nous apprennent que des substances y séjournent , qui étant destinées à produire l'organisation et la vie , ont la propriété et la force de soutenir et de résister à l'effet des opérations chymiques quelconques. J'espère en donner des preuves , par des observations suffisantes , faites sur des animalcules qui ont pris naissance , et qui vivent aussi-bien dans de l'eau pure , que dans des infusions de différentes graines , faites avec de la rosée distillée , de l'eau de pluie , de ruisseaux et de fontaine , bouillie et filtrée , qui m'ont appris en même-tems que leur origine. ne peut être attribuée , ni à la fermentation des végétaux infusés , ni à la décomposition des particules animales des infusions animales.

§. 88. C'est donc dans les parties intimes et constitutives de l'eau qu'il faut chercher le principe de la vie , dans le règne animal et dans le végétal ; ces parties sont en repos dans le fluide , aussi long-tems qu'une cause extérieure ne les met pas en mouvement. Si on enferme le fluide dans un petit endroit , dans des vaisseaux ouverts ou clos , une douce fermentation , d'où naît aussi

une

une chaleur douce, met en mouvement les substances organiques
et destinées à être *animalisées*, dont il a été parlé, et les imprègne
des particules élastiques et balsamiques de l'air. Ordinairement on
apperçoit alors, au microscope, le mouvement radical d'un grand
nombre de très-petites bulles qui se pressent l'une contre l'autre, et
qu'une vue perçante distingue nettement des *points* sombres et des *globules* animalcules ainsi nommés. Après un espace de tems, depuis 12
jusqu'à 24 heures, et souvent plutôt, on voit déjà des animalcules
à queue, en forme de filets, de globules ou de figure ovale,
se roulant lentement, se traînant, vacillant et flottant de côté et
d'autre, ou se mouvant avec vitesse, offrant une foule de petits
points, comme des moucherons qui volent dans l'air. Le plus souvent on apperçoit en même-tems, dès le premier jour, plusieurs particules, qui, quoiqu'informes, sont cependant animées, et paroissent
occupées à leur développement, puisqu'après avoir parcouru un
certain espace, souvent avec lenteur à la vérité, elles prennent
une forme finie, et paroissent de vrais animaux. Le roulement confus de globules réunis, quelquefois informes, qu'un même but semble
mettre en mouvement, présente une autre scène aussi remarquable. De tous ces êtres animés, les particules informes et mobiles qui finissent par prendre la forme d'animaux parfaits, et
les globules réunis, ont été l'objet particulier de mes observations,
et je suis enfin parvenu à conjecturer qu'ils sont sur le point de
s'envelopper d'une peau commune qui se forme d'elle-même, et paroître alors comme des *pendeloques*, ou, comme les animalcules, en
forme de gateau de M. Spallanzani; ils peuvent se trouver dans les
infusions depuis le commencement jusqu'à la fin, et cependant ne
paroître que rarement aux yeux de l'observateur, comme beaucoup
d'autres animalcules semblables ; car qu'est-ce qu'une goutte qu'on

P

prend d'une infusion, avec un brin de bois, et qu'on met sur le porte-objet, en comparaison de deux dragmes d'eau ? D'après la supputation que j'en ai faite, c'en est tout au plus le $\frac{1}{300}$. Mais ce seroit confondre l'origine des animalcules dont nous venons de parler avec leur propagation, que de prétendre que celle-ci a dû se faire de la même manière, c'est-à-dire, par une réunion de globules, quoique l'on vît les nouveaux animalcules sous une toute autre forme que celle d'animalcules *globules*, qui en prennent une ovale ou elliptique.

§. 89. Il se présente enfin encore ici un phénomène qui mérite d'être observé ; c'est celui d'autres animalcules *globules* réunis, ou du moins qui roulent ensemble à peu de distance l'un de l'autre, deux, trois, quatre ou cinq roulent en compagnie, sans se toucher mais souvent à une distance médiocre, tournant avec lenteur sur leur axe, et prenant dans cette marche, diverses formes et diverses situations, paroissant souvent se joindre comme des bulles, et continuant ensuite leur route comme s'ils n'étoient qu'un seul animalcule, et quelquefois se séparant de nouveau : on voit aussi de petits animalcules *globules*, emporter avec eux, en tournoyant, de grosses masses de corps inanimés, sans adhérence visible avec eux, et de plus petits animalcules attachés au gros, et en être entraînés. Les descriptions ultérieures que je pourrois donner de toutes ces métamorphoses, n'auroient d'autre effet que celui d'une prolixité qui laisseroit encore quelque chose à désirer, et qui malgré cela fatigueroit le lecteur ; ce qui m'oblige à le renvoyer aux figures et aux éclaircissemens que j'en donne dans les observations.

§. 90. Nous voyons ici des parties qui paroissent être séparées, se mouvoir en commun, faire route ensemble, et prendre diverses formes, ou plusieurs se réunir en un tout. L'uniformité de la nature dans ses opérations nous permet de croire, par analogie, de tout ce que j'ai si souvent et tant vu , que ce que nous voyons ici en grand, a pareillement lieu dans ce qui se passe hors de la portée de nos yeux , ou en petit. Je ne puis donc qu'en conclure, que la matière première de la vie organique, qu'une douce fermentation divise dans les petites bulles, dont j'ai fait mention , et qu'elle sépare des parties hétérogènes, s'élève à la vie animale par l'action de la substance spiritueuse qui s'en est dégagée , et qu'elle est de nouveau réunie et formée en un corps animal, en vertu d'une force d'attraction, ou de quelqu'autre moyen de jonction. Ces êtres paroissent les premiers de leur espèce , non comme des animaux engendrés, mais propres à engendrer ; et la différence de leur forme et de leur figure suppose aussi une différence proportionnée des parties existantes dans l'eau , d'où ils sont produits.

§. 91. Essayons maintenant de défendre, par des preuves , cette théorie , contre les attaques auxquelles elle est exposée. La *végétation* de Needham , et les œufs de Backer et de Reaumur , sont sans doute les manières les plus aisées d'expliquer l'origine des animalcules d'infusions ; mais ces manières ne sont pas les plus exactes. En séparant de la partie farineuse le germe de la graine, on n'a fait autre chose que le priver par-là de la force végétative , que favorise le mouvement, d'où l'on ne peut, par conséquent, attendre qu'un effet contraire, une vie qui ne se développe qu'avec lenteur ou point du tout. Quant aux œufs, il anroit été aisé de conclure que, puisqu'il n'y a aucun exemple que des poissons naissent d'œufs de moucherons, par exemple, mais qu'après quelques métamorphoses préalables, il n'en vient que d'autres moucherons; de même de ceux que des insectes volans auroient laissé tomber par hasard dans des infusions , il n'en pourroit venir des animalcules d'in-

fusions, tels et constamment tels ; mais ils devroient incontestablement avoir une autre origine. Il est donc très-naturel de l'attribuer
à l'eau, et de croire qu'ils y existent. Je présume que mes observations n'offriront rien non plus de contraire à ces conjectures.

§. 92. J'ai déjà supposé que ces animalcules naissent dans toute
sorte d'eau filtrée ou non, crue, bouillie ou distillée, aussi-bien
dans les vaisseaux clos, que dans les vaisseaux ouverts. J'ajouterai
encore ici que, puisqu'ils naissent aussi dans une eau qui n'est mêlée
d'aucun autre corps, on ne pourroit guère souhaiter de preuve plus
sensible de l'existence de la matière première dont sont formés ces
êtres dans l'eau. Mais si ces animalcules ne durent pas aussi long-tems
ici, et ne s'y multiplient pas comme dans les infusions animales ou
végétales, c'est au défaut de nourriture suffisante qu'il faut l'attribuer,
quoique l'on y rencontre aussi, dans les observations, quelques animalcules assez gros. Il nous suffit de savoir qu'ils naissent aussi
dans l'eau, sans addition d'aucune autre matière. Si les matières
des infusions avoient une influence particulière et immédiate sur
ces animalcules, nous devrions y en voir différens, selon la différence des matières. Mais qu'on les prenne où l'on voudra, dans le
règne animal ou végétal, elles nous donneront toujours des animalcules de la classe particulière qui leur est assignée dans l'ordre
des choses, et la distance entre les espèces n'y paroît pas, à beaucoup près, aussi grande qu'elle l'est, par exemple, dans les poissons,
et les gros et les petits, sont environnés d'une peau très-fine, le
plus ordinairement aussi diaphane que le verre. Parmi l'innombrable quantité que j'en ai vu, il ne s'en est non plus présenté
aucun qui fût distingué d'une manière remarquable par quelques
membres visibles, et, en général, j'ai vu toujours les mêmes animalcules dans les infusions de chair de veau, mais rien de semblable

à des mouches, etc., que j'avois vues dans les infusions végétales. Il est donc clair que la végétation , en entendant , par ce mot, le changement d'un corps végétal en un corps animal , ne peut pas expliquer l'origine des animalcules d'infusions. Les œufs ne l'expliquent pas mieux non plus , puisqu'on ne trouve aucune trace de métamorphoses que subiroient ces animalcules; qu'on leur voit, au contraire, un accouplement, ou au moins quelque chose qu'on peut prendre pour cela , et qui n'a pas lieu dans les insectes volans, tandis qu'ils sont sous la forme de vers ; qu'enfin l'on voit les molécules mobiles , qui nagent dans les infusions, prendre la véritable forme d'animaux, et qu'il n'y a pas d'exemple que des œufs se joignent , et que de cette manière il en provienne un animal. Mais l'objection la plus forte contre les œufs de mouches , et qui n'admet aucune replique , c'est la propagation que je démontre dans les animalcules d'infusions, et que l'on ne peut attendre des vers de mouches.

§. 93. Des formes diverses des animalcules d'infusions, il en résulte diverses espèces; ce qu'il faut encore examiner et éclaircir. Il y a ici plusieurs choses qui méritent d'être remarquées, et la formation de ces êtres paroît avoir plus d'une cause cachée ; car on voit dans la même infusion , d'une même graine, d'une même eau , des animalcules dans un tems dont l'on ne voit plus un seul dans un autre. Il n'en manque pas d'exemples dans mes observations. On y voit plusieurs animalcules dans des infusions du 14 Juin , dont on ne trouve plus un seul, ou du moins fort peu, le 30 du même mois. Ceux qui malgré les objections qui viennent d'être rapportées, voudroient cependant qu'ils proviennent d'animalcules mères et de leurs œufs, pourroient en inférer que cela est en preuve de leur opinion , et qu'il est à présumer que l'air peut être plus rempli dans un tems que dans un autre de ces animalcules mères périodiques. Mais un seul coup-d'œil réfléchi, jeté sur les planches des infusions de chenevis, de bled et de pois, dans les observations ci-après, ôte toute vraisemblance à cette opinion ; car la planche d'infusion de che-nevis offre plusieurs pendeloques, le 14 Juin , tandis que l'infusion de bled et celle de pois n'en présente pas une seule ; au contraire, sur la planche d'infusion de chenevis du 30, on ne voit aucun des animalcules, et sur celle d'infusion de pois, et particulièrement sur celle de bled du même jour, on en voit plusieurs. Il faut observer que les mêmes graines ont été mises en infusion dans la même eau, et dans le même quart d'heure de ces deux différens jours. Si donc les pendeloques mères du 14 Juin avoient peuplé l'infusion de che-nevis, et celles du 30 l'infusion de pois et celle de bled , pourquoi, le 14, n'auroient-elles peuplé que l'infusion de chenevis , et le 30 seulement, celle de pois et celle de bled , sans peupler aussi l'autre?

§. 94. Il est donc clair que la nature fait ici jouer, en secret, plusieurs ressorts cachés. Il n'est pas donné à l'homme de les con-noître, non plus que la manière dont ils agissent; mais on peut con-jecturer que les causes suivantes y sont pour quelque chose ; 1°. un peu plus ou moins d'eau, ou de matières d'infusion ; 2°. une fer-mentation plus ou moins forte, cause qui dépend de la précédente; 3°. la pesanteur ou la légèreté de l'air; 4°. son plus ou moins d'élas-ticité ; 5°. la différence des matières contenues dans l'air en diffé-rens tems, favorables à la production d'une sorte d'animalcules, et contraire à l'autre ; 6°. les variations de température , le chaud et le froid, les éclairs, le tonnerre ; 7°. la surabondance, ou le défaut des parties constitutives de l'eau , propres et destinées à être plus ou moins animalisées; 8°. le concours libre des substances homo-gènes de l'eau , ou prévenu par celui d'autres substances qui gênent les premières ; 9°. enfin, la différence des sucs nourriciers, plus ou moins élaborés par la fermentation.

§. 95. Il paroît que la vie de certaines sortes de nos animalcules,
comme celle de plusieurs insectes, est bornée à un court espace de
tems. Plusieurs paroissent ne pas même atteindre l'âge de la mouche
éphémère , au lieu que d'autres parcourent les degrés de leur accroissement jusqu'à sa perfection , nageant alors dans leur mer,
que nous appellons une goutte au milieu des *globules* , *des points*,
des ovales , comme une baleine au milieu des menus poissons, dans
l'océan. Mais ce qu'il ne faut pas ici négliger , c'est leur nourriture
qu'ils cherchent visiblement, et qu'ils trouvent dans la pellicule visqueuse de la surface de l'infusion. Un liquide trop épais, nuit autant à leur accroissement qu'à leur durée ; au lieu qu'en l'étendant
avec de l'eau fraîche, l'un et l'autre , ainsi que leur multiplication,
continue souvent pendant plusieurs mois dans des circonstances
favorables, telles sur-tout que des jours chauds, au point que l'on
peut quelquefois ranimer avec un peu d'eau fraîche et en moins
de 24 heures, une infusion épaisse entièrement desséchée , et où l'on
n'observe plus aucun signe de vie (15). Mais je n'ai jamais pu réussir

---

(15) C'est encore une chose digne de remarque , dit M. Needham , que
tous ces prétendus animaux naissent et se multiplient toujours en proportion de la matière végétale qui se décompose de façon que, quand le tout est
parfaitement évaporé et privé de sa force vitale , il ne reste absolument
rien d'animé dans l'infusion ; évènement qui prouve très-clairement, selon moi,
que ces êtres ne proviennent point de dehors par des germes étrangers qui
s'y déposent , mais de la nature même constitutive des vaisseaux organiques
qui se décomposent. Comment , sans cela, concevoir que pas un seul être mouvant ne se montre après la parfaite évaporation de la substance infusée ? et plus
loin il dit que leur division et leur diminution jusqu'à leur disparition totale ,
sont toujours en exacte proportion avec la matière , qui à la fin s'évapore et
s'épuise entièrement; si tout cela s'accordoit avec l'expérience, et étoit fondé

(120)

à rappeler à la vie , les corps desséchés sur le porte-objet , ni immédiatement après l'évaporation de l'eau ; ni plus tard, malgré les essais réitérés que j'en ai fait, d'après M. le professeur Beckmann (16), qui assure y être parvenu avec de l'eau chaude, au bout de plusieurs jours; ce que confirment MM. Spallanzani et Backer.

§. 96. Nous nous sommes d'abord occupés des animalcules qui disparoissent presqu'aussi-tôt qu'ils naissent ; de ce nombre sont principalement les diverses sortes d'animalcules à queue , de ceux qui tiennent ensemble par des fils, et plusieurs *globules*. Plusieurs des derniers prennent tantôt une forme ovale , tantôt une forme cylindrique ; mais on les verra rarement, ou point du tout, atteindre la grosseur de certains *globules*, dont je parlerai ailleurs. Les *ovales* augmentent journellement , au point de devenir enfin d'une grandeur énorme en comparaison des autres , ils se tiennent ordinairement près, ou dans la pellicule visqueuse des infusions , et quand il s'y en trouve seulement un seul, on y en apperçoit bientôt des essaims entiers, sous ou près de la pellicule , comme on le voit dans les

---

sur des observations , le système de M. Needham sur l'origine de ses animalcules d'infusions, due à une force végétatrice , en tireroit un très-grand avantage. Mais il y a long-tems que mes recherches m'ont appris le contraire ; les siennes lui auroient procuré le même avantage, s'il les avoit multipliées et continuées plus long-tems ; il auroit vu que son *caput mortuum* , n'étoit rien moins que cela , mais la source d'une nouvelle vie, s'il l'avoit amolli de nouveau avec de l'eau distillée ou non , et laissé reposer le vaisseau ouvert ou clos , seulement pendant quelques jours. Après l'avoir ainsi détrempé trois ou quatre fois au plus, il auroit toujours vu renaître des animalcules , et souvent en plus grand nombre. *Nouvelles recherches sur les découvertes microscopiques* , tom. I , pag. 171.

(16) *Physik. œconom. bibl.* (*Bibliothèque physico-économique*) , t. 2. pl. 231.

figures

figures que j'en donne. Le mouvement de ces animalcules parfaitement formés, est tantôt rapide, tantôt lent, et s'exécute des différentes manières que j'ai décrites, §. 80, et que je représente dans les observations ; M. Spallanzani les a aussi décrites dans le second chapitre de son troisième mémoire, ainsi que plusieurs autres observateurs.

§. 97. Ce qu'il y a de plus étonnant, et ce qui nous fait conjecturer que le sens de la vue ne leur manque pas plus qu'aux autres animaux, c'est que ces animalcules, aussi-bien que quelques *globules*, non-seulement paroissent se détourner en parcourant le champ de la vue, mais aussi souvent semblent se jouer ensemble , en chemin faisant. On en trouvera plusieurs exemples dans mes observations , ainsi que de différentes métamorphoses que leur corps subit. Quelques observateurs ont tâché de trouver leurs pieds, et ils ont même conjecturé qu'ils en ont ; mais il est très-certain que ceux qui naissent dans des infusions , et dont en général, il s'agit seulement dans cet ouvrage , en sont aussi peu pourvus, que les poissons et les limaçons. Les observateurs qui ne veulent pas ou ne peuvent attendre les circonstances propres pour cela , n'ont, pour s'en assurer, qu'à retourner le porte-objet, et le faire glisser de manière que la surface de dessous en soit tournée vers l'œil, et que les animalcules se trouvent dans une situation renversée ; mais dans deux sortes de gros animalcules *ovales* , j'ai observé un autre membre qui , quand l'infusion commence à se dessécher , devient visible au grossissement le plus fort, par son mouvement *viperin*, non loin du bord, comme on le voit *fig. 19, Pl. XXVIII*, et qui ne peut être mieux comparé qu'à une nageoire dressée. Le contour de presque tous les animalcules d'infusions , paroît large et obscur, ce qui vient de ce que l'œil le voit comme le bord d'un boite vu de champs. Dans les

Q

pendeloques il va en s'amincissant vers le bout, du côté convexe, où j'ai souvent apperçu une ouverture, que l'on pourroit regarder comme la bouche de l'animalcule , d'autant plus qu'il se tient toujours par-là à la pellicule de l'infusion , car ces animalcules mangent aussi-bien que les autres animaux, comme j'espère le prouver, d'une manière satisfaisante dans les observations. Une propriété aussi remarquable que singulière qu'ont ces animalcules , c'est une force d'attraction et de répulsion si grande , que je les ai vus plusieurs fois attirer d'assez loin, entraîner, et comme engluer d'autres corps six à huit fois plus gros qu'eux , tels que des grains de nielle de bled, qui se trouvoient dans les infusions.

§. 98. Mais une chose non moins digne d'être remarquée , et aussi extraordinaire , que l'on distingue à la vue, et que les naturalistes paroissent n'avoir point suffisamment examinée jusqu'ici , c'est la finesse de la peau de ces animalcules , et sa transparence égale à celle du verre. Il sembleroit que l'on a ici atteint les dernières limites des corps , ou plutôt qu'on est parvenu à celles d'un monde nouveau ; car peut-on ne pas être frappé d'étonnement , quand on réfléchit qu'il y a cependant encore bien loin de l'état de la matière subtilisée à ce point , jusqu'à celui des êtres immatériels ?

§. 99. La propagation des animalcules va maintenant être l'objet de nos recherches. Mais de nouvelles ténèbres se présentent ici , du moins, je dois avouer que malgré toute l'activité que j'ai mise dans mes observations, ma patience, le tems que j'y ai employé, il ne m'a point été possible, pendant plusieurs années , d'en rien dire de certain : comme dans beaucoup d'autres observations microscopiques , on ne voit ici qu'une alternative continuelle de *pour* et *contre*. On a vu , un instant après, on n'a plus rien vu, ou

l'on voit précisément le contraire de ce que l'on croyoit avoir vu
d'abord. Aujourd'hui, parmi un grand nombre de petits *globules* et
d'*ovales* , on voit quelques animalcules formés ; le lendemain on
voit une quantité des premiers, parmi un plus grand nombre encore des plus gros et de demi-crûs , dont la multiplication rapide
doit être principalement attribuée aux plus gros qui les ont produits. J'ai eu l'œil collé sur le microscope , pendant des heures
entières , et j'ai suivi, autant qu'il m'a été possible , les animalcules
que je soupçonnois devoir bientôt jeter leurs petits. J'ai étendu et
éclairci la goutte avec de l'eau fraîche , et je n'ai choisi que des
infusions , où le grand nombre d'animalcules ne pût m'empêcher
de les suivre ; et malgré cela , je ne puis dire que, dans le cours
si long de mes innombrables observations, j'aie vu une seule fois
quelque chose que je puisse assurer être un effet de la génération.
Il est vrai que souvent j'ai cru les voir jeter un petit globule clair,
par la partie postérieure , et souvent aussi par la partie latérale
de leurs corps ; mais ayant revu aussi-tôt un pareil globule dans
le corps de l'animalcule supposé mère, à l'endroit où étoit le premier, et la multitude confuse des autres animalcules *globules* , ne
m'ayant pas permis de distinguer des autres celui qui avoit été
jeté , il m'a toujours fallu quitter le microscope, avec la présomption
déplaisante de n'avoir rien vu : mais m'étant imaginé de donner
de la nourriture à mes animalcules, j'ai cependant enfin été assez
heureux d'en voir naître des petits globules colorés ; ensorte que
quoique ce phénomène doive être regardé comme un des plus rares,
je puis cependant le certifier, avec la même assurance que d'autres
encore plus remarquables , dont je donne la description et les
figures, *Pl. XXIX.*

§. 100. Mais voyons si ceux qui m'ont précédé dans cette sorte d'observations , ont été plus heureux que moi. Commençons par M. de Saussure. Ses observations sont rapportées dans le mémoire de M. le pasteur Goeze sur les animalcules d'infusions (17). Il a vu 1°. les animalcules se multiplier constamment en se divisant.

2°. Il a très-souvent apperçu que cette division se faisoit en travers et par le milieu.

3°. Que les deux parties résultantes de la division devenoient, par l'accroissement, des animalcules entiers et de la taille de ceux dont ils provenoient.

On verra par la suite que dans un nombre infini d'observations, j'ai aussi vu ces divisions, mais je n'ai jamais apperçu qu'il s'en fît de longitudinales.

4°. Il a eu la patience et l'adresse de mettre seul, dans une goutte d'eau , un de ces animalcules parfaits , qui s'est partagé en deux sous ses yeux. De ces deux, il en étoit provenu cinq le lendemain, seize le troisième jour , et le suivant il n'étoit plus possible de les compter.

Il s'élève ici des doutes, que mon intelligence trop bornée peut-être ne peut pas dissiper. A un foible grossissement, un animalcule seul , qui nage dans la goutte , ne peut pas sans doute se soustraire aisément à l'œil de l'observateur ; mais alors on n'aura jamais la certitude de pouvoir dire, que l'animalcule s'est partagé, quand même on supposeroit qu'on découvrît dans la goutte , à un grossissement plus fort , un second animal long-tems après le premier dont on le croiroit une moitié. Quand il n'y a qu'un animalcule dans la goutte, il n'arrive que trop souvent qu'il ne se présente à l'œil qu'une seule fois,

---

(17) *Hern Carl Bonnet abhand laus der insecto-théologie* , etc. , pag. 444.

ou point du tout, et qu'il se perd ensuite pendant l'évaporation du fluide. Mais je suppose qu'il ne sorte jamais du champ de la vue ; de quel expédient se servira-t-on pour entretenir pendant la nuit, la fluidité de la goutte, qui s'évapore en peu de minutes ? et quand même on auroit réussi à transporter l'animalcule dans un autre vase fourni d'eau, comment l'en tirer ensuite, pour le placer sur le porte-objet dans une goutte, pour pouvoir suivre commodément les circonstances de sa propogation, et compter toute sa postérité ? En lavant le porte-objet, avec de l'eau de pluie bien pure, dans un petit verre, j'ai mis un seul animalcule, que j'ai vu un jour dans une goutte d'une infusion de pois faite avec la même eau : le troisième jour suivant, a paru une fourmillière de petits, *ovales :* le quatrième jour et les suivans, c'étoit une mer pleine d'animalcules formés et à demi-formés ; mais on n'y appercevoit pas le moindre vestige de division.

5°. Il représente l'animalcule qui est sur le point de se partager, comme s'il étoit composé de deux animalcules attachés l'un à l'autre, et parcourant, en 20 minutes, tous les degrés de sa division jusqu'à la séparation entière.

On voit aussi de ces animalcules dans mes observations ; mais ils ne m'ont jamais donné la satisfaction de les voir se partager avant l'évaporation de la goutte.

6°. Leur instinct alloit jusqu'à les porter entre ceux qui cherchoient à se séparer ; opération dans laquelle ils les aidoient, comme de vrais fauteurs de la population.

M. Goeze, dit qu'il paroît là-dedans plus de hasard que d'instinct. C'est aussi ce que j'en pense.

7°. Il a vu, ainsi que M. Spallanzani, les animalcules d'infusion de chenevis, avec un bec crochu ; mais ils se partageoient d'une autre manière que les précédens ; ils alloient au fond de l'infusion, s'accrochoient avec leur bec, et se partageoient en croix, comme une enveloppe de chataigne , d'abord en quatre , et chacun de ceux-ci, en quatre autres , etc.

Si l'on veut prendre pour un bec, la partie antérieure, quelquefois courbe et se terminant un peu en pointe, de quelques-uns de ces animalcules, j'en ai vu aussi de semblables, mais sans savoir que c'étoient des becs. Je ne puis me vanter, non plus que M. Goeze, que ces animalcules aient eu la complaisance de se diviser ainsi en croix, sous mes yeux.

M. Goeze regarde aussi la division du corps de ces animalcules, comme une manière dont ils se multiplient ; et il la représente *fig.*7, *a*, *Pl. VII* de sa traduction des mémoires de M. Bonnet ; mais d'après mes observations, ce qu'offre la figure a bien plutôt l'air d'un accouplement, que d'une division, comme nous le verrons dans la suite. Le mémoire de cet habile observateur sur les animalcules mères d'infusions, a fait aussi beaucoup de plaisir aux amateurs curieux d'histoire naturelle , et leur a ouvert par-là une nouvelle perspective. Je m'y suis essayé de toutes les manières que j'ai pu imaginer ; mais malheureusement je n'ai jamais vu un animalcule avec des crochets, ou des pointes, comme les *fig.* 2 *et* 4 de la planche, dont il vient d'être fait mention, en représentent, ni rien qui me persuadât que ce que je voyois, fut un animalcule mère semblable ; et je dois avouer que, si M. Goeze ne disoit pas qu'il en a vu dans le travail même, les observations multipliées que j'ai faites sur ces êtres , me confirmeroient encore plus dans l'idée, que ce n'étoit tout au plus que des animalcules ordinaires d'infusions tout-à-fait formés. Les bulles que l'on prend ordinairement pour des œufs, ou des petits , dans le corps de l'ani-

malcule formé ne sont souvent, au contraire, que l'effet du gon-
flement de la fine peau musculeuse de l'animalcule, et disparoissent
souvent tout aussi-tôt qu'elles paroissent. La plupart des œufs ou
fœtus pouvant donc être des objets beaucoup trop petits pour la
force de nos lentilles, il est bien difficile, et peut-être absolument
impossible de distinguer, avec certitude, les vrais œufs ou fœtus
dans le corps des mères, d'avec les gonflemens de la peau, dont
nous venons de parler.

§. 101. M. Muller, conseiller d'état, dit que la génération, ou
plutôt la propagation de ces animalcules, se fait par des fœtus vivans, par des œufs, par boutures, ou par bourgeons, et par une
division quelconque, en long, en large, par la partie postérieure,
ou par l'antérieure ; en un mot, de différentes manières, dont j'ai
aussi enfin vu quelques-unes, après plusieurs années d'observations.

§. 102. M. Ellis a fait aussi des recherches sur le même sujet,
et la manière dont il s'exprime, quand il dit, *j'ai apperçu un peu
l'apparence*, etc., confirme mes conjectures sur la rareté de cette
manière de multiplier ; il ajoute que d'après ses observations, la division est à peine dans le rapport de 1 à 50 ; ce qui le porte à
croire qu'elle est plutôt la suite de quelque lésion qu'éprouvent
quelques-uns, parmi le grand nombre de ces animalcules, que la manière naturelle dont ils multiplient (18). Mais la prompte multiplication d'une *pendeloque*, que j'avois mise dans de l'eau de pluie,
recueillie en plein air, comme je l'ai dit, me convainquit qu'il y
avoit eu génération et naissance, et il n'y a non plus rien d'absurde
dans la conjecture, que plusieurs fœtus, qui peuvent en résulter,

---

(18) *Journal de physique* de M. l'abbé Rozier, tome V, page 185.

sont trop petits pour être rendus visibles par les lentilles les plus fortes.

§. 103. Mais le système général de la propagation suppose l'accouplement. Je vais en dire quelque chose. Quatre observations consécutives sur les animalcules provenus d'un seul, dont j'ai parlé, et quelques-unes que je fis ensuite sur d'autres infusions, m'offrirent un jour des apparences que l'on prendroit indubitablement pour un accouplement réel, si l'on avoit vu de plus gros animaux s'accoupler, tels que des poissons. La grande familiarité que j'ai avec ces animalcules , ne me permet pas de supposer que ce que j'ai vu fût autre chose. Recourons aux figures, pour un moment. La huitième et la neuvième de la *Pl. XXVIII*, offrent deux animalcules joints, que j'ai distingués autant que cela est possible , dans une foule de pareils êtres mus dans un fluide avec autant de vivacité. J'en ai compté en deux fois, dans l'espace de 16 jours, trois à quatre couples, toujours dans trois et quatre différentes gouttes de mon eau de pluie, que j'ai observées consécutivement; au moment où je les vis, ils étoient déjà joints; de la manière dont je les représente, et je crus appercevoir cette division, qu'ont décrits de si célèbres observateurs. Je ne vis plus que ces animalcules , et je ne les perdis point de vue. Mais l'animalcule à diviser devant être une fois plus gros, que les animalcules ordinaires, et n'en ayant point encore vu de tels jusqu'alors, la disproportion de cette cohérence des deux corps, à l'un d'eux dont chacun étoit aussi gros qu'un animalcule simple, rendoit incertain l'espoir que j'avois conçu de voir cette division. Cet espoir diminuoit d'autant plus, que l'interstice qui séparoit les deux animalcules devenoit moindre, par les mouvemens circulaires non-interrompus qui les rapprochoient continuellement , jusqu'à se joindre enfin tout-à-fait , continuant dans

cette

cette intimité, les mêmes mouvemens pendant 20 minutes au moins sans se séparer, jusqu'à l'entière évaporation de la goutte ; on en voyoit quelques-uns se rouler sens dessus-dessous, et je remarquai alors que leur forme varioit un peu, par la contraction de leur peau, et l'on appercevoit de nouveau un petit interstice. Les deux corps se tenoient au reste avec autant de force et de fermeté, que ceux de deux mouches tranquillement accouplées. Comme cette figure 9.me, quand on n'a point vu la précédente, pourroit aisément faire croire à l'observateur, qu'il voit sur l'animalcule une raie, qui annonce qu'il va se faire une division longitudinale, il ne seroit pas impossible que la figure d'une division d'animalcule d'infusions, donnée par M. Goeze, n'auroit été que celle d'un commencement d'accouplement, dont je crois avoir vu, il y a déjà long-tems, des préliminaires tels que je les représente *Pl. XV*, E, II.

§. 104. Mais quel est l'échelon de l'échelle des êtres vivans sur lequel sont placés ces animalcules aquatiques? C'est ce qui ne peut se déterminer, je crois, sans consulter l'analogie, en cherchant dans les fluides des animalcules qui nous permettront d'établir une comparaison entr'eux et les animalcules d'infusions, méthode qui a ses difficultés. Je m'y suis essayé de différentes manières; ai-je réussi? Je ne le prétends pas; je ne suppose que de la vraisemblance dans mes comparaisons. Nous allons voir si, et jusqu'à quel point, nos animalcules d'infusions peuvent être comparés avec les êtres extraordinaires que M. Trembley a fait passer des ténèbres à la lumière.

§. 105. Il n'est aucun animal, dont les naturalistes se soient plus occupés que de celui-ci. M. Trembley l'eut à peine fait connoître, sous le nom de *polype d'eau douce*, qu'il devint l'objet d'une attention, et d'une occupation générale. Les livres, les bibliothèques, les têtes, tout en étoit rempli. Cet être donna naissance à des idées

R

qui n'étoient pas moins singulières que lui-même; M. Bonnet entr'autres s'est distingué sur ce sujet. On chercha par-tout, et l'on vit,
ou l'on crut voir par-tout des polypes , ce qui m'est peut-être
aussi arrivé à moi-même. On les disséqua , on les retourna comme
on retourne un gant, on inséra l'un dans l'autre, et toujours on les
vit comme se jouer de leurs dissecteurs, en faisant de leurs ruines
même le principe de leur reproduction multipliée.

§. 106. Mais M. Romé de Lisle a voulu , dans une lettre à
M. Bertrand, faire disparoître tout ce que l'on trouvoit de singulier
et de merveilleux dans ces animalcules (19), en n'en faisant qu'une
colonie d'animalcules plus petits , qui habitent un séjour mobile, et
que l'on voit en forme de globules, au travers de la peau du polype, d'où ils s'échappent en roulant, quand on y fait une ouverture.
Il tâche de faire valoir son opinion avec beaucoup de sagacité.

§. 107. Les connoissances que M. Goeze a acquises sur ce sujet,
par ses observations particulières , l'ont mis en état de réfuter
M. de Lisle , comme il le fait dans le quatrième mémoire de la
traduction allemande de l'*Histoire des polypes* de M. Trembley ;
et s'il n'écarte pas tous les doutes que M. de Lisle a fait naître
sur l'unité de ces petits animaux, il lui oppose cependant différentes
objections qui méritent d'être considérées ; aussi fais-je difficulté de
me départir de ma neutralité dans cette dispute , quoique je croie
que l'opinion de M. de Lisle, pour ne rien dire des polypes à *pa-*
nache ovipares de M. Trembley (20), explique mieux que l'opinion
commune contraire , divers cas observés, tels que le cas si singulier

---

(19) *Neues Hamburg. mag.* (*Nouveau magasin d'Hambourg*), tome III ,
pag. 428.

(20) *Considérations sur les corps organisés ,* par M. Bonnet , art. 317.

(131)

du tronc sans tête d'un polype, qui mangea un ver, dont M. Trembley
vouloit nourrir de jeunes polypes qui tenoient encore à leur mère,
comme il le dit pag. 151, celui des polypes écrasés et réduits en
bouillie, de laquelle M. Roesel en vit naître d'autres au bout de quelques
jours, de même que ses *animalcules à globules*, qui ne sont que la
demeure mobile d'animalcules plus petits (21). La question sur le
siège de l'ame de cet animal, que propose M. Goeze, dans le cas
de mutilation du polype de M. Trembley, se résout aussi, dans la première hypothèse, d'une manière qui n'est nullement forcée, et qui est
beaucoup plus aisée que dans la seconde. Je dois encore dire que ce que
j'ai vu de la formation des animalcules d'infusions, qui se fait par la
réunion de plusieurs globules, ou animalcules *préludes*, et que j'ai
éclairci par des figures dans les observations, est au moins, comme
je le pense, plus pour que contre la possibilité d'une formation de
même nature dans les polypes.

§. 108. Souvent on voit, comme il paroît d'après ces observations,
dont j'ai déjà parlé §. 88, trois, quatre, et jusqu'à huit petits
globules et plus, dans les infusions, quelquefois avant que les animalcules formés y paroissent, quelquefois aussi en même-tems
qu'eux, se tenant l'un à l'autre, et se mouvant de compagnie, comme
s'ils étoient à se préparer une pellicule commune pour leur demeure, pour paroitre ensuite sous la forme d'animalcules d'infusions. Le mouvement intérieur, différent de celui de la pellicule,
qui, ainsi que nous l'avons vu, continue encore alors sous elle, et le
mouvement de l'animalcule entier, me le feront regarder comme
une espèce de polypes, et croire qu'on ne peut lui assigner de classe

---

(21) *Insekten-belustigung.* (*Récréations entomo-logiques*), tom. III, p. 516,
pl. CI, fig. 2, 3.

R 2

plus convenable que la leur, comme l'ont déjà fait MM. Wrisberg,
Ellis , Ruller , professeur ; mais ce qui m'a encore prévenu davantage en faveur de cette opinion, ce sont, outre mes propres observations, celles de M. Roesel, qui donne la description et la figure
d'un *arrière-polype* , qu'il a, dit-il, conservé particulièrement pendant quelques jours , probablement tel qu'il l'a vu parmi une
quantité d'œufs prétendus , dont il a vu jusqu'au nombre de
sept dans le corps des animalcules (22). Si ceux d'infusions
avoient été connus à cet habile et laborieux observateur , et s'il
avoit eu de meilleurs instrumens microscopiques qu'on n'en avoit
de son tems , il auroit certainement plutôt conclu que c'étoit de
vrais animalcules d'infusions qu'il voyoit naître dans le polype qu'il
avoit conservé , et non des œufs. Il auroit pareillement remarqué
que parmi eux , comme parmi nous , les gros mangent les petits,
si, comme M. Trembley , il avoit su qu'ils se mangent l'un l'autre,
à la vérité , mais sans digérer , et rejetant toujours leur semblable
qu'ils avoient avalé ; preuve qu'ils sont de l'espèce des polypes,
puisqu'ils en ont cette propriété. Les figures qu'il donne de ces
prétendus œufs , indiquent suffisamment aussi la vraie forme des
animalcules d'infusions , dont il aura probablement attribué le
mouvement qui leur est propre à son *arrière-polype*. Ma réponse
à l'objection qui pourroit être faite, qu'ils auroient bien pu être
cela, mais qu'il ne seroit pas encore par-là démontré, qu'ils seroient
de l'espèce des polypes, leurs meurtriers, se trouve dans ses observations subséquentes, et dans les figures qu'il donne des *polypes* à
couvercle (23) , et peut-être aussi de son protée (24), où il décrit

---

(22) Ibid. , part. 3 , page 593 , §. 12 , pl. XCVI.

(23) Ibid. , pl. XCVIII , fig. A , *b* , *e* , *f*.

(24) Ibid. , pl. CI. Si M. Roesel avoit poussé aussi loin ces observations que

et représente quelques-uns des premiers , qui se sont séparés de leurs tiges , en décrivant la même spirale , et faisant les autres mouvemens des animalcules d'infusions , de manière qu'il n'y auroit que celui qui n'en auroit jamais vu , qui ne pourroit les prendre pour eux.

§. 109. Si véritablement le polype avoit des yeux , ainsi que le conjecture M. Muller , conseiller d'état , cela seul suffiroit pour le ranger parmi les simples animaux. La propriété qu'il a de se porter vers la lumière , a aussi fait croire à plusieurs naturalistes, que la nature a dû le pourvoir de l'organe de la vue. M. Trembley et tous ses partisans ont aussi dirigé vers cet objet leurs recherches, qu'ils ont faites avec beaucoup de soins et d'exactitude; mais elles n'ont point eu le succès qu'ils en attendoient. Un seul observateur a cru avoir réussi ; il donne la figure d'un polype , avec deux taches brunes à la tête, qu'il a appelé des yeux, sans trop assurer pourtant que c'en étoit (25).

§. 110. Il y a tel qui en ma place, auroit sur la parole des observateurs qui disent avoir vu , saisi avec empressement le grand nombre des cas de la propagation des animalcules d'infusions par boutures et par divisions, et l'auroit pris pour base de ses opinions. Peut-être aussi que, où j'ai soupçonné un accouplement, il n'en au-

---

celles qu'il a faites sur *ses animalcules à globules* , et s'il avoit conservé plus long-tems dans ses fioles , les êtres auxquels il donne le nom de *protée* , il les auroit enfin vu disparoître et être remplacés par les polypes , ou les animalcules d'infusions , dont ils étoient un commencement : c'est du moins ce que je dois inférer de mes observations.

(25) *Ledermuller gamuths-und. augen-ergoezingen* , etc. (*Amusement de l'esprit et des yeux.*)

roit point vu, dans le dessein de faire plus aisément de vrais polypes de nos animalcules d'infusions ; mais regardant ces artifices de l'amour-propre qui veut toujours avoir raison, sur-tout quand il s'agit de vérités physiques, comme la plus grande injure faite au public, et comme un très-grand tort que l'on se feroit à soi-même, j'avouerai, au contraire, de bonne foi, que quelques-unes des manières dont se multiplient certaines sortes de ces animalcules, les éloignent autant des vrais polypes que leurs autres propriétés semblent les en rapprocher. Nous laisserons ici les animalcules d'infusions, pour n'y revenir que dans les observations. Nos recherches vont se porter vers de nouvelles merveilles.

§. III. Si on en excepte M. Ellis, nous ne connoissons aucun microscopiste qui ait même soupçonné une cristallisation dans le sperme des animaux et dans les infusions. Il dit avoir vu un jour un cristal bleu dans une infusion de chenevis (26). On verra, par mes observations, qu'il en auroit vu davantage, s'il avoit voulu alors pousser les siennes au-delà des bornes des observations ordinaires, comme elles ont été poussées ensuite aussi long-tems que j'en ai rencontré dans le sperme des animaux. Je n'ai su à quelle cause en rapporter l'origine ; mais j'en trouvai l'éclaircissement dans les infusions de mes animalcules, et, à la vérité, contre mon attente. Je ne les faisois que pour essayer si le mélange de deux infusions différentes, ne produiroit pas de nouvelles sortes d'animalcules, ou si ceux qui existoient déjà, ne pourroient pas devenir plus gros, et se développer davantage. Dans cette vue je mêlai, à parties égales, une infusion d'orge, avec une infusion de chair de bouc, l'une et l'autre *animée*, dans une fiole que je ne bouchai

---

(26) *Bibliot. phys. éconon.* de Beckmann, tom. III.

(135)

point; dans une goutte que j'en observai au bout de 24 heures, je
vis, à ma très-grande surprise, un cristal aussi singulier, et aussi
beau qu'on n'en a peut-être jamais vu. Tout de suite je fis une infusion de chair de veau, à laquelle j'ajoutai un peu d'orge, et le
sixième jour de beaux cristaux répondirent à mon attente; mais
dans une infusion faite dans le même tems, avec de cette même
orge seule, il y eut quelques jours où il se trouva, à la vérité, quelques petits animalcules, mais jamais un cristal. Je continuai ces
observations encore pendant quelques jours avec le même succès,
cependant avec des alternatives de cristaux, et je me mis à faire
un plus grand nombre de ces essais en multipliant et en variant
les mélanges d'autres infusions animales et de graines, comme on
verra dans les observations; je crus remarquer que les infusions
où abondoient les animalcules, et sur-tout celles où j'en avois vu
le plus de gros, donnoient aussi le plus grand nombre de cristaux;
mais qu'il y en avoit quelques-unes, telles que celles de bled de
Turquie, dont on ne pouvoit en obtenir ni par l'addition d'infusions
animales, ni sans addition. Il n'en parut point dans les infusions
d'orge et de pois, non plus que dans une infusion de bled; mais
ayant ajouté de l'eau fraîche dans cette dernière, qui avoit produit
auparavant plusieurs animalcules, j'y trouvai le lendemain une quantité de cristaux telle que dès la première goutte que j'en observai,
j'en comptai 80 et quelques-uns. L'infusion de chenevis en contenoit
abondamment aussi; mais les mélanges que je fis de toutes ces infusions, avec celle d'œufs de grenouilles, de chair de bouc et de
celle de veau, si on en excepte seulement celle de bled de Turquie (27), formèrent des cristaux en peu de tems, dont j'ai des-

(27) Dans des observations postérieures, j'ai aussi apperçu des cristaux dans
cette infusion de graine qui contenoit des animalcules.

siné quelques-uns avec toute l'exactitude dont je suis capable. M. Ellis dit que son cristal d'infusion de chenevis étoit bleu. Mais ces cristaux ne paroissent que de tems en tems de cette couleur, ce qui dépend de la manière dont la lumière les frappent; ils sont tous aussi blancs que le cristal de roche, quoiqu'on ne les voie que rarement de cette blancheur, parce qu'ils se trouvent ordinairement sous la pellicule visqueuse de l'infusion, ou dessus; ce n'est donc que là qu'il faut les chercher, parce qu'on ne trouve dans l'eau claire, que ceux qui en sont tombés quand on y a pris des gouttes de l'infusion. La plupart de ces cristaux sont très-affilés et réguliers; il s'en trouve d'autres quelquefois un peu informes et rompus. Quand ils sont sur la pellicule, et qu'il y a encore des animalcules dans l'infusion, ceux-ci passent quelquefois dessous et paroissent au travers des cristaux : **la** présence des animalcules, et encore plus la parfaite indissolubilité des cristaux, aussi-bien dans l'eau chaude que dans l'esprit de vin le plus fort, est une preuve que ce ne sont point des sels. Je m'en suis suffisamment convaincu par les essais réitérés que j'ai faits pour parvenir à en dissoudre. L'idée me vint enfin que ces cristaux provenoient peut-être de sucs urineux. La ressemblance de leur forme avec celle de quelques-uns des cristaux qui forment le sable rouge, ou gravier de l'urine, et qui résiste aussi bien qu'eux à l'esprit de vin, m'y confirma encore plus. Sachant, par expérience, qu'une lessive préparée, ainsi que le prescrit M. de Limbourg (28), de deux parties de sel de tartre et d'une partie de chaux, dissout ces cristaux en peu de minutes, aussi facilement que l'eau chaude dissout le beurre, ainsi que je l'ai vu différentes fois au microscope; preuve manifeste de l'excellence de ce remède contre

---

(28) *Dissertation sur les douleurs vagues,* etc. , pag. 81. Liége 1768.

la

la pierre. J'ai essayé cette lessive à différentes fois sur mes cristaux, mais je n'ai pas apperçu qu'elle fît sur eux plus d'effet que
l'eau et l'esprit de vin. J'ai employé enfin l'acide nîtreux, qui ne les
a point attaqués pendant quelques minutes ; mais après cela il en a
fait l'entière dissolution, et les a changés en un suc jaune, ce qui m'a
convaincu encore de leur nature *pierreuse*.

§. 112. Mais quel est celui des règnes de la nature, dans lequel
il faut chercher la matière de ces corps ? car nous les avons
vus jusqu'ici se former aussi-bien dans les infusions animées (29),
composées de graines seules, que dans celles qui sont mêlées avec
des infusions animales. Ce problême n'est pas aussi insoluble que
ces corps le sont ; je n'ai vu aucun cristal, dans aucune de ces
deux sortes d'infusions, ni dans aucun tems de l'année, lorsqu'il
n'y avoit point eu de vie, et quand elles n'avoient point été peu-
plées d'animalcules; mais j'y en ai trouvé toujours plus ou moins, en
proportion du plus ou du moins d'animalcules. Les cristaux ne peuvent donc provenir des végétaux infusés ; il faut par conséquent
attribuer leur origine à la décomposition des animalcules d'infusions.
L'eau pure peuplée par un ou deux animalcules d'infusions, tirés
d'une autre infusion, qu'on y a mis, en est une preuve palpable;
puisque les cristaux y paroissent aussi en porportion de la diminution
des animalcules, leur nombre n'augmentant pas à la vérité dans la
même proportion, probablement par le défaut de sucs nourriciers suffisans pour les animalcules et de transformation de ces sucs
en leur substance, comme dans les infusions *mères* ou animées,
faites de laites et d'œufs de carpe, et dans l'infusion qu'on transvase
et qu'on ranime en y versant de l'eau fraîche, après qu'elle a été

---

(29) C'est-à-dire, qui contenoient des animalcules vivans.

S

entièrement évaporée. La preuve la plus certaine que ces cristaux sont un produit de substance animale , se tire de l'infusion de tout petit morceau de chair de veau dans l'eau , jusqu'à *pellicule* , dans laquelle on n'en cherchera jamais en vain. Cependant M. Ellis, dont les observations qu'il a continuées sur quelques cristaux d'infusions , qu'il appelle *sel indissoluble* , avec les figures qu'il en donne, se trouvent dans le cinquième tome du Journal de physique de M. l'abbé Rozier, croit que leur production est due aux parties oléagineuses des graines ; mais s'il avoit aussi vu des cristaux dans des infusions autres que celles de graines de lin et de chauvre et de substances animales , il n'auroit guère trouvé de vraisemblance dans cette opinion , à laquelle il n'a été induit, selon toute apparence, que parce que ces deux graines abondent en huile.

§. 113. La marche lente de la nature , qui passe d'un règne à l'autre , dans la formation des corps , est ici douce et secrète. Là, elle fait naître du fluide, des corps pleins de vie, ici elle les résout de nouveau , et en change la partie animale en de durs cristaux. Si cela se fait conformément à l'une de ses loix immuables, qui est de solidifier les fluides (30), et de les élever par une suite déterminée de degrés , à la plus grande perfection de l'existence permanente ,

---

(30) C'est-là , peut-être , le but capital de tous les phénomènes de la nature. De l'eau de neige que j'avois distillée jusqu'à 88 fois , après avoir trouvé le résidu de terre calcaire augmenté à chaque distillation , laissa toujours un résidu de la même terre à la 87, 88 et 89e. distillation , quoique je me fusse servi d'une nouvelle cornue à chacune de ces trois dernières , ensorte que je crois que la distillation , poussée plus loin , auroit enfin entièrement changé en terre le peu d'eau qui restoit encore. J'ai déjà commencé une autre expérience , plus concluante que celle-ci , dont je suis occupé, qui me mettra en état de pouvoir assurer , dans la suite , quelque chose de positif sur ce sujet.

quelle idée celui qui en est le spectateur, ne doit-il pas prendre de l'activité de ses forces et de son économie intérieure? et si, sans s'écarter des règles de la raison, il porte sa vue du petit au grand, et au tout, où ne le conduiront pas ses raisonnemens et ses inductions? mais je m'en tiendrai à ces considérations. Il n'appartient qu'aux philosophes de la première classe de soumettre à la méthode systématique un pareil phénomène, et de le mettre à portée, par leurs éclaircissemens, de trouver place dans l'histoire naturelle. J'abandonne à leurs recherches ultérieures cette nouvelle découverte. Peut-être expliquera-t elle de grands mystères.

§. 114. J'en étois ici de mon ouvrage, quand j'ai reçu le deuxième volume de la sixième partie du systême de la nature de Linnée, par feu M. Muller, professeur, dans lequel il conteste la vie animale aux polypes d'eau douce, et à tous les animalcules microscopiques. Dans l'introduction à la première partie de cet ouvrage (allemand), en demandant, page 28, s'il ne croit pas juste d'exclure du règne animal, des créatures qui ne sont proprement que des machines animales, comme étant des êtres inanimés dans le sens propre de ce terme, il fait déjà connoître ce que l'on auroit à en attendre pour l'avenir ; il l'indique encore ensuite dans l'introduction générale, à la troisième partie de la *Vie multiple des créatures*, dans celle à l'histoire des coraux du deuxième volume de la sixième partie, et enfin en terminant ce volume par des remarques générales sur les *litophytes* et les zoophytes ; c'est ainsi qu'il prépare le lecteur au dernier coup qu'il méditoit contre les animalcules microscopiques. La manière solide, aisée et claire, dont M. Muller propose ses idées, annonce évidemment un homme qui ne s'en faisoit point accroire, et qui ne cherchoit point à en imposer par des discours brillans ; l'honnêteté et la déférence règnent dans ses proportions, ou ne tend qu'à exciter les naturalistes à délivrer de toute ambiguité ce point important, par des expériences et par des vérités contraires à ses assertions.

Après avoir expliqué avec beaucoup de sagacité, par trois espèces de mouvemens distincts, la *simple vie mécanique*, dans le règne minéral, la double vie mécanique et organique, dans le règne végétal, et enfin la triple vie mécanique, organique et animée, dans le règne animal; et après avoir supposé trois différens ordres dans le monde intellectuel (31), le premier des Séraphins, Chérubins et Anges, le deuxième, des ames humaines, et le troisième, des ames des bêtes, M. Muller s'approche de son but, dans des remarques générales sur les litophytes et les zoophytes, et il donne le détail des raisons pour lesquelles il ne peut regarder, comme des animaux, ni les coraux, ni les polypes d'eau douce, non plus que les animalcules spermatiques et d'infusions. Il seroit fatigant pour le lecteur et pour moi de le suivre pas à pas, ou plutôt ce seroit une entreprise au-dessus de mes forces. Il se trouvera sûrement quelqu'un qui sera plus en état que moi de l'approfondir, de l'examiner, et de le développer. Je ne me chargerai pas de la cause des coraux et des polypes, ils trouveront certainement des défenseurs. J'omets aussi tout ce qui concerne la génération, quoique M. Muller indique assez clairement qu'il admet le système de la préexistence en considération du *point saillant* dans l'œuf; mais comme il n'est pas à croire qu'il ait été le dernier incrédule de son espèce, on ne trouvera

---

(31) Ceux qui voudroient jeter quelques regards sur le monde intellectuel, et en connoître les bornes jusqu'à un certain point, trouveront dans les *Anmer kemgen deutscher kimst-richter*. (*Remarque à l'usage des critiques allemands*), des indications particulières qui les guideront, page 42.

pas mauvais, qu'après avoir regardé , dans le cours de cet ouvrage , les animalcules spermatiques et d'infusions, comme de véritables animaux , je prenne leur parti , et que je ne leur laisse pas ravir la vie animale , sans dire quelque chose en leur faveur ; je vais le faire avec toute la brièveté possible.

M. Muller avoit, d'après sa propre expérience, la bonne foi de regarder comme choses connues et vraies, tout ce que les microscopistes rapportent de leurs animalcules microscopistes, et qu'ils disent avoir vu. J'ai le plus contribué, ainsi que mon microscope, pendant mon séjour à Erlang, à le mettre dans cette disposition : il croyoit lui-même avoir tout vu ; la conséquence seule de ce qu'il avoit vu lui a échappé , savoir : *que ces petits corps ou corpuscules sont des animaux.* Il appeloit alors corpuscules , les petits animalcules globules, *et les petits animalcules ovales*, que je lui montrois au défaut de plus gros. Quand on ne voit , en effet, que des corpuscules, l'idée d'animalcule ne se présente pas toujours , et les yeux, d'après son sentiment même, ne sont pas propres à se porter jusqu'aux conséquences, mais c'est l'ouvrage de la raison de tirer ces conséquences, quand les yeux ont bien vu souvent et suffisamment ces corpuscules dans les évolutions et les métamorphoses, telles que je les représente *Pl. XXVII* ; *fig.* 1 , 2 , 4 , 9 , 10 , 11 , 17. Mais ce défaut de voir , ainsi que tout ce qu'il objecte contre la vie des animalcules microscopiques, est uniquement fondé sur ce raisonnement : *les animaux ont une ame , donc ce qui n'en a point , n'est point animal.* A quoi l'on peut répondre : *un être qui fait à sa manière les fonctions d'un animal, a une vie animale , et c'est un animal;* ce que le physicien ne peut nier ; quant à l'ame, cela regarde les métaphysiciens. Qui nous apprendra comment des êtres d'une nature différente de l'ame peuvent en être les organes ?

Quoique M. Muller convienne de toutes les espèces de mouvement
que nous voyons au microscope , dans ces animalcules, qu'il parle
même, pag. 917, de ces animalcules comme ayant un mouvement
qui leur est propre , et qu'il ne rejette pas moins , avec raison , les
objections de ceux qui ne sont pas bien au fait de ce sujet, telles
que celles qui sont tirées des mouvemens étrangers des instrumens microscopiques , de l'action et des impressions de l'air, de la
force de l'haleine de l'observateur etc. , il paroît cependant qu'il
seroit porté à croire que l'action de la pesanteur sur le fluide , a
quelqu'influence sur les fausses inductions que peut tirer l'observateur ; il est vrai qu'en général il n'y a rien à objecter contre
les divers effets de la pesanteur, et les suites qu'ils ont dans l'établissement de l'équilibre ; mais dans les observations microscopiques, le
mouvement des corps qui se mettent en équilibre, est, à cet égard,
comme le mouvement du fleau d'une balance, est à celui d'une
aiguille à secondes , et ne peut être apperçu dans les fluides inanimés,
que pendant un clin-d'œil , ou plutôt il ne l'est ordinairement point du
tout, et ne peut par conséquent non plus occasionner aucun doute
sur les vérités microscopiques.

Il est plus exact de dire, qu'il n'est pas question , dans les observations microscopiques , d'un seul mouvement qui ne soit en même-
tems mécanique, puisque c'est une des lois générales de la nature ; car
quoique le mouvement vital ait un autre principe, il suppose cependant les machines qui doivent être mues dans les trois règnes du
monde matériel ; mais ce mécanisme peut-il, dans les objets microscopiques , servir à prouver qu'un animal n'est point un animal, puisqu'on ne peut imaginer d'animal sans mécanisme. M. Muller ne nie
pas non plus le mouvement libre des animalcules spermatiques et
d'infusions , puisqu'il l'a vu comme je puis le témoigner ; ainsi il fau-

droit croire qu'il auroit pu distinguer suffisamment leur mouvement plein de vie, du mouvement mécanique et organique des corpuscules composés de particules d'une nature particulière, telles qu'il les décrit, pag. 943. Quand les haussemens et les affaissemens alternatifs de la peau de nos animalcules d'infusions, permettent à notre vue de percer jusque dans leur intérieur, et de nous assurer ainsi de leur mouvement intérieur et extérieur, nous y trouvons aussi, comme dans l'homme, le mouvement organique et mécanique que M. Muller attribue aux parties internes de l'homme, et *si son aiguille aimantée*, qui devient mouvante, changeoit en même-tems de figure, en se pliant et se repliant d'elle-même comme les animalcules d'infusions, l'erreur de celui qui la croiroit vivante, seroit d'autant plus pardonnable, qu'à l'exception d'une seule sorte d'animalcules d'infusions, que je représente *Pl. XXVII*, D, III, sous le nom de comète, nous ne connoissons aucun animal qui se meuve en conservant la roideur de l'aiguille aimantée. En un mot, nos animalcules d'infusions sont capables de tout ce que M. Muller (partie troisième, pag. 26) regarde dans le chien, par exemple, comme des mouvemens inattendus, et qui ne sont l'effet d'aucuns ressorts mécaniques, et sont par conséquent des actes libres; comme d'avancer en ligne droite, de se contourner le corps indépendamment de toute cause matérielle, de le porter d'une manière incertaine, de prendre une autre route en retournant, etc. Il ne leur manque que les propriétés, dont tant d'autres animaux sont aussi privés, pour nous convaincre de la présence de leur ame, par des actions, pour lesquelles ils ne sont pas faits. Quand nous voyons nos animalcules spermatiques et d'infusions, de la grosseur d'une carpe, nager dans l'eau et la traverser, pourrions-nous donc dire que ce ne sont pas des animaux, mais des plantes, parce qu'ils ne s'accouplent pas comme les moineaux , qu'ils n'ont pas la docilité du chien , et qu'ils ne montrent pas les passions des autres animaux ? Quant au siège de leur ame, j'avouerai sincèrement que je n'en sais pas autant que ceux qui se croient bien instruits sur ce sujet.

Mais autant est douteuse , pour M. Muller , l'existence d'une ame, dans les animalcules d'infusions, autant lumineuses sont, au contraire, les conjectures par lesquelles M. le professeur Crusius , tâche non-seulement de prouver leur existence, mais il va même jusqu'à croire que leur ame surpasse en perfection celle de plusieurs autres animaux (32). Il ne leur manque non plus aucune des propriétés principales, que M. Crusius et l'expérience déterminent comme les caractères les plus certains de l'animalité , telles que le mouvement spontané , la faculté d'arrêter le mouvement , la contramitance, l'indication d'une réflexion , les passions , etc. , car on ne peut pas plus leur contester qu'aux poissons , leur mouvement spontané propre , ainsi que nous l'avons vu , et ils ont la faculté de s'arrêter au milieu de leur marche , de se jeter et de tourner d'un côté à l'autre, ce dont on trouvera plusieurs exemples dans les observations; de changer de route, de faire effort contre les particules visqueuses qui les embarrassent, de les mouvoir et de les pousser ; de la reflexion , on leur en voit quand ils contractent leur corps, et qu'ils l'étrécissent, à la rencontre d'un passage trop étroit entre deux particules visqueuses (33), quand ils se replient pour éviter

---

(32) *Christ. Aug. Crusii Anleitung-uber* , etc. (*Manière de bien penser sur les accidens naturels* , par Christ. Aug. Crusius , part. 2 , pag. 1226 ,) Leipsick 1749 , et *Roesels-insekan-belustigung* , (*Récréations entomo-logiques* , par M. Roesel , part. 2 , pag. 544.)

(33) Pl. XXVII , fig. 8.

les

les parties saillantes de ces matières visqueuses. Ils annoncent enfin des passions , quand ils se rassemblent en troupes , vont ensemble de compagnie , se séparent (34) , ou s'accouplent (35) , etc. Qui pourroit prouver , dit M. Bonnet, dans ses considérations sur les corps organisés, art. 132, « qu'il n'y a point d'animaux presque in-
» finiment petits, de figure ronde ou elliptique , mais sans aucuns
» membres, ni parties extérieures , dont les sens tous internes , se-
» roient uniquement dirigés pour découvrir ce qui se passe inté-
» rieurement dans l'animal, sans égard à ce qui se passe hors de
» lui ? qui peut décider si ces animalcules n'apperçoivent et ne
» ressentent point ce qui se passe en eux, avec autant de plaisir,
» que les autres animaux sont affectés de ce qui se passe hors
» d'eux ? qui sait, enfin, si le mouvement seul des fluides auquel est atta-
» chée la vie de ces animalcules, ne leur fait point éprouver des sen-
» sations aussi vives, que le fait, sur les autres animaux, l'impression
» des objets extérieurs ? » Qu'auroit donc dit aussi le fin professeur, s'il avoit vu mes animalcules d'infusions repus de carmin, dont je donne les figures, *Pl. XXIII*, B, II ? car, à la réserve du canard mé- canique de M. Vaucanson, nous n'avons encore vu aucune machine manger et digérer. Si toutes ces propriétés sont des preuves de la présence d'une ame , les animalcules d'infusions sont des animalcules véritables et animés. Celui qui connoît les *points* , les *ovales* et les *globules* , mais qui n'a vu que peu , ou point du tout des animalcules dont il s'agit ici , auroit personnellement plus de raisons apparentes de leur contester la vie animale, jusqu'à ce qu'il parvienne à les mieux connoître, qu'il n'en auroit de la contester à

---

(34) Pl. XVI , A , III , B , II et III.

(35) Pl. XXVIII , fig. 8.

T

ceux-ci. Cependant des observations réitérées convaincroient aussi
à la fin l'observateur du tort qu'il auroit eu à leur égard. Les Voltaire , les Rousseau , les Lamettrie , et tous les antagonistes de la
métaphysique , ou ceux qui n'ont point entendu parler de l'ame,
et à qui la psychologie est étrangère , à la première connoissance
qu'ils auroient de ces animalcules , les regarderoient infailliblement
et sans difficulté comme des animaux placés sur les limites du règne
animal, et ils douteroient aussi peu de leur vie animale , que nous
doutons de celle des puces aquatiques. Il ne sera donc pas du tout
question de la nécessité de prendre des plantes pour des animaux ,
puisqu'il est prouvé que nos animalcules microscopiques sont des
animaux. La vie des plantes n'est qu'une vie mécanique et organique , dont les limites nous sont encore inconnues , puisque nous
leur découvrons tous les jours plus de sensibilité et d'irritabilité (36).
Mais ce qui distingue principalement les plantes d'avec les animaux , c'est leur stabilité et la manière dont elles tiennent à la
terre par leurs racines , comme aussi les plantes aquatiques
tiennent à l'eau par les mêmes parties ; au lieu que l'animal, n'étant
point invariablement fixé à ces élémens, a la faculté de changer de
place et d'état à volonté. Sans nous fatiguer inutilement à chercher
dans la métaphysique des éclaircissemens sur les obscurités dont
la nature est voilée , considérons tous les êtres qui annoncent
une vie animal par des mouvemens spontanés, et par des actions
analogues à cet état de vie ; considérons-les , dis-je, tels qu'ils sont,
c'est-à-dire , comme des animaux.

---

(36) C'est ici le lieu de parler des belles expériences, et dignes d'être remarquées, de M. le Medecin, conseiller de cour , sur le penchant qu'ont les plantes
à s'accoupler , qu'il a fait connoître dans la troisième partie de l'histoire de l'académie des sciences électorales , palatines , pag. 116 et suiv.

Si, d'un autre côté, nous cherchions et si nous soupçonnions avec Linnée, dans les fièvres ardentes, dans les affections psoriques et syphilitiques, des animalcules vivans, ou si nous allions même jusqu'à regarder comme animés, les fils qui volent en l'air au printems et en automne, nous attribuerions au règne animal des êtres qui n'auroient d'existence que dans notre idée ; car une expérience suffisante ayant appris qu'on ne trouvera pas même l'apparence de rien qui ait vie, ni dans le pus ni dans les matières expectorées, comme prétendent faussement qu'il s'y en trouve des observateurs qui voient des animalcules par-tout, il est aisé de conclure que l'on ne trouvera non plus rien de semblable dans les fièvres ardentes, ni dans les affections syphilitiques et psoriques (37). Quant aux fils dont il vient d'être parlé, tout ce que je puis conjecturer, d'après ce que l'expérience m'en a appris jusqu'à présent, c'est qu'ils sont l'ouvrage de *l'araignée des champs* ou *faucheur*, qui en couvre au printems les terres en friche, et plus encore en automne, le chaume et les terres nouvellement labourées, souvent au point qu'elles paroissent au soleil, comme si elles étoient couvertes d'un vaste réseau fait en fils de verre, que le vent détache ensuite, et qu'il enlève dans les airs. Il en est de même de la poussière de champignon de M. de Munich-Hausen, dont le mouvement dans l'un n'est que le passage mécanique d'un endroit à un autre, et qui n'est dû qu'à l'eau qui s'y insinue. Le même mouvement peut se voir au microscope et à la simple vue dans les globules de la poussière des étamines

---

(37) On pourroit, seulement dans les endroits du corps exposés à l'air, comme au visage et aux mains, voir éclore, dans les affections psoriques, des animalcules, d'œufs d'insectes qui les y auroient déposés ; c'est probablement ce qui a occasionné l'erreur des conséquences qu'a tirées Linnée.

T 2

des fleurs, dans les sucs des plantes mêlés avec de l'eau, quand on éparpille un peu de graine d'oignon sur de l'eau contenue dans un vase. Puisque cette poussière devient de nouveau un champignon par la végétation, comment peut-on encore conserver l'idée que les champignons passent du règne animal dans le végétal; où se trouve donc dans la nature, un exemple qui nous apprenne qu'un animal comme tel devient plante ? c'est ce qu'il faut croire cependant, si l'on prend pour les rudimens des plantes, des chaînons qui ne sont que le moyen qui joint l'extrémité de la chaîne d'un des deux règnes à celle de l'autre, c'est-à-dire, les polypes et les animalcules d'infusions. Une opinion qui se conçoit bien mieux, et qui est conforme à la nature, seroit celle du passage des deux règnes au troisième, au règne minéral; le coup-d'œil de tous les jours et la chymie la confirment et l'indiquent assez par la terre fixe que laisse en résidu tout corps animal et végétal, et les crystaux d'infusions ne lui sont pas moins favorables. Ce n'est pas au défaut de sagacité dans M. de Munich-Hausen, mais à celui du tems et des instrumens nécessaires, qu'il faut attribuer l'infériorité de l'observateur à l'égard de l'économe que l'on remarque en lui. L'exemple de la poussière de champignon, et un autre qui se trouve dans l'avant-propos du troisième chapitre de la première partie de son *Père de famille*, occasionne cette remarque; il y transforme, en animalcules d'infusions, les graius de poussière de la nielle, et pag. 329, il les prend pour des œufs, d'où il conclut que puisque la saumure tue les animalcules d'infusions, il convient de conseiller de tremper le bled, avant de le semer, dans une lessive faite de chaux et de sels, (pag. 151). En preuve de ce qu'il avance, il suppose aussi une certitude acquise par plus de cent observations. Mais s'il avoit commencé par faire, avec d'autres infusions, un plus grand nombre d'expériences analogues, il auroit bientôt trouvé que les premières, qu'il avoit si souvent répétées, étoient superflues. La poussière des étamines des fleurs lui auroit offert le même spectacle, et lui auroit appris que, puisque ce ne sont point des animalcules qui la font mouvoir dans l'eau , et que cependant, quand elle est trempée, des animalcules paroissent en naître, il est aussi peu possible pareillement que la poussière de la nielle ait une semblable origine (38). Ainsi où il n'y a ni œufs, ni animalcules, la lessive de chaux et de sel n'en tue pas. Elle favorise, il est vrai, les premiers développemens de la germination , et en cela pourroit bien consister en partie la cause inconnue, pour laquelle dans le bled provenu de semence. qui en a été lessivée, il naît peu ou point de nielle, comme je le sais par ma propre expérience.

---

(38) Son microscope de *culpepper*, source de toutes ses conjectures et erreurs microscopiques , avec lequel il falloit qu'il observât les objets contre la lumière , et la situation verticale de la goutte d'eau sur le porte-objet , qui ne permet que d'observer à la hâte , n'étoient point du tout propre à favoriser le succès des observations qui devoient l'instruire là-dessus.

SECTION TROISIÈME.

Méthode et appareil de l'Auteur pour l'observation des fluides.

1°. C'est une règle générale qu'il faut, de tems en tems, nétoyer, à l'esprit de vin, les lentilles. Je me sers pour cela d'un morceau de feutre, sur lequel je les mets; j'y verse l'esprit de vin, et je les nétoie ainsi, entre deux morceaux de feutre. La meilleure manière de s'assurer si elles ont besoin d'être nétoyées, c'est de les présenter à la flamme d'une chandelle, qui fait voir aussi-tôt au travers de la lentille, si quelque ordure y est attachée.

2°. Dans mes observations, je me sers, pour les infusions, de petites fioles qui ont de larges orifices, parce qu'elles se nétoient mieux que celles dont le col est étroit.

3°. Ordinairement je lave auparavant la graine dans la même eau que celle qui doit servir aux infusions, et je la purge par-là de toute poussière et de toute ordure.

4°. Je ne remplis la fiole qu'aux deux tiers.

5°. Je place les fioles dans un endroit, où elles sont exposées au plein jour. Il ne m'a jamais été possible de remarquer que le soleil nuisit aux animalcules d'infusions; je les ai même exposés différentes fois à ses rayons les plus ardens, pendant cinq à six heures, sans qu'il leur eût rien ôté de leur vivacité ordinaire.

6°. Je commence mes observations après un jour d'infusion.

7°. Je prends les gouttes avec un brin de bois net, le tuyau d'une plume, ou un petit morceau de papier tortillé, que je ne confonds pas indifféremment , parce qu'il arrive qu'une infusion est souvent contraire aux animalcules d'une autre , qu'elle les empêche de paroître, ou même les tue. Je ne me sers point de pinceau par cette raison, parce qu'il est rare de pouvoir les nétoyer assez bien pour les introduire ensuite avec sûreté dans une autre infusion, sans craindre l'inconvénient dont il est ici question.

8°. Je choisis, pour mes observations, une table solide et placée dans une situation horisontale, et un endroit éclairé , mais où le soleil ne donne pas trop. Ces observations se font, à la vérité, fort bien au grand jour, mais les objets ne s'y voient pas sous leurs véritables couleurs, parce que tout ce qui est transparent, paroît jaune, et que l'on voit les animalcules , comme s'ils nageoient dans un liquide enflammé.

9°. Dans les observations des fluides, je fais usage de la boëte à vis de Wilson avec une monture , et d'un glissoir ou porte-objet de verre, fait d'un morceau de verre net , sur lequel sont taillés plusieurs petits creux en forme de godets , qui peuvent s'essuyer et se nétoyer aisément. Ceux que l'on taille des verres de montre, ne sont pas propres pour ces observations, parce qu'ils s'arrêtent. Mais le talc , dont plusieurs observateurs se sont servis ci-devant , est la matière qui y convient le moins, parce qu'il est trop veineux et trop trouble pour ne pas occasionner quantité d'erreurs dans les forts grossissemens. On a également tort de renfermer les objets entre deux lames ou verres en forme de godets qui les écrasent, ou les obscurcissent. Par cette raison , je fais toutes mes observations sur des porte-objets à découvert ; que les corps soient solides ou fluides , le volume de la goutte m'est indifférent ; mais je la prends toujours plutôt grosse que petite, sans cependant qu'elle offre une surface trop convexe, et qu'elle déborde le creux dans lequel on la

place, pour qu'elle ne touche pas la lame qui glisse dans la boëte
à vis, qu'elle mouilleroit, jetant par-là de l'incertitude sur les observations suivantes ; parce qu'alors le fluide attaché à la lame, se
mêle avec celui qu'on y fait glisser : ce qui fait que les lames plates
de verre ne conviennent pas ici. Une goutte placée avec ces précautions, peut s'observer aussi-bien avec la plus forte, qu'avec la
plus foible lentille.

10°. Je commence toujours mes observations sur les fluides, avec
la troisième lentille, qui aggrandit 61 fois le diamètre de l'objet ;
je prends ensuite la deuxième qui suit, ou bien aussi, selon que
l'objet le demande, je me sers d'abord de la plus forte, N°. oo, celle-ci
est une lentille anglaise polie, son foyer, qui est un peu moindre
que $\frac{3}{4}$ de ligne, est plus fort de beaucoup que celui que j'ai employé dans les observations que j'ai faites sur les fleurs, et il aggrandit
le diamètre plus de 5oo fois. Toutes les figures qui n'ont point à
côté un chiffre romain, dans les planches, ont été tirées d'après
cette lentille. On ne voit jamais avec elle une si grande quantité
d'animalcules, qu'avec les N.ºs 1 ou 2, parce que le champ de
la vue est trop étroit, et que les interstices sont en même-tems ag-
grandis en même proportion que les corps qui paroissent plus éloignés l'un de l'autre. Si l'on commençoit avec la plus forte lentille,
sans s'assurer auparavant à un foible grossissement de la quantité
des animalcules, on s'y tromperoit, et l'on croiroit souvent que le
fluide qu'on observe en contient fort peu. La lentille avec laquelle
Baker a vu la fourmillière d'animalcules spermatiques, qui provenoient sans doute d'un puissant jeune homme, tels qu'il les représente dans son *microscope à la portée de tout le monde*, n'avoit
probablement guère que $\frac{8}{15}$ ligne de foyer.

11°. Quoique je sache fort bien distinguer les mouvemens des
animalcules

animalcules animés, de ceux que peut causer l'ébranlement des parties inanimées qui se trouvent dans le fluide ; j'ai cependant l'attention, dès que j'ai trouvé le foyer, de ne plus remuer le microscope.
Celui qui ne sait pas distinguer les mouvemens dont je viens de
parler, est encore bien peu avancé dans l'art des observations microscopiques. Il n'est pas nécessaire non plus de se remplir d'air les
poumons en retenant son haleine. On peut respirer en toute liberté,
et considérer ensuite une goutte d'eau, dont on se sera assuré par
l'examen qu'on en aura fait auparavant, en retenant son haleine, et
l'on sera convaincu que la précaution est inutile.

12°. Il n'arrive que trop souvent qu'un objet que l'on a vu avec
une foible lentille, telle que les N.ºs 3 et 2, ne peut plus se
trouver avec le N°. oo, ou qu'on le perd entièrement, ou bien aussi
que la goutte s'évapore tout-à-fait, avant qu'on ait trouvé le foyer.
Pour remédier à cet inconvénient, j'ai tâché de trouver le foyer
de la plus forte lentille, par le moyen de celui de la plus foible,
avant de dévisser celle-là, en fixant à vis l'objet sous la plus foible,
dans un état d'obscurité que je connois, et que je sais qui indique
le foyer de la lentille suivante, de manière que, quand je dévisse
ensuite celle-ci, ordinairement je vois déjà l'objet dans l'état de clarté
qui lui convient, sans avoir besoin de l'avancer ou reculer davantage, ou du moins que fort peu ; ce qui facilite beaucoup les observations que l'on fait avec les plus fortes lentilles, qui sont si pénibles
d'ailleurs, et que l'on craint ordinairement d'entreprendre.

13°. Comme les animalcules dans les infusions se tiennent ordinairement dans la pellicule qui y surnage, je cherche toujours, en y
prenant la goutte, à en mettre un peu sur le porte-objet. Quand
cette pellicule cause quelque obscurité, et que d'ailleurs la goutte
est trouble, je fais glisser le porte-objet, jusqu'à ce que je parvienne

V

à voir le limbe de la goutte, où elle devient plus claire. C'est pourquoi je place aussi toujours la goutte, comme je l'ai dit, de manière que son limbe n'atteigne pas celui du creux du porte-objet.

14°. J'examine de suite au moins trois différentes gouttes de la même infusion, parce que les observations ajoutent de la certitude aux précédentes, et que je sais que les dernières m'ont souvent présenté des phénomènes, dont les premières ne m'avoient pas donné le moindre soupçon.

15°. Il arrive souvent que l'on apperçoit quelque chose de remarquable dans un animalcule qui traverse rapidement le foyer, et que l'on ne peut ensuite parvenir à revoir. Dans ce cas, j'attends que la goutte s'évapore, et souvent il arrive que je retrouve l'objet que j'avois perdu de vue, tous les animalcules qui se trouvent dans la goutte se rapprochant alors à mesure qu'elle s'évapore de la circonférence au centre où leur élément se trouve encore en quantité suffisante.

16°. Les myopes auroient tort d'accuser les presbytes, dont la vue, telle qu'est la mienne, a huit pouces de portée, de ce qu'ils représentent les objets trop gros, tandis que les myopes les voient beaucoup plus petits, à raison de ce que leur vue est plus ou moins courte, et le foyer de la lentille doit toujours être plus long pour le presbyte que pour le myope; ce qui fait que les personnes qui ont la vue courte, ne peuvent souvent pas se servir de la plus forte lentille dans plusieurs observations, parce que l'objet doit être trop rapproché de l'objectif.

Forces de mes Lentilles.

N°.	Aggrandit le diamètre,	La surface.
6	16 fois.	256 fois.
5	26	676

(155)

N°.	Aggrandit le diamètre,	La surface.
4	33 fois.	1089 fois.
3	61	3721
2	114	12996
1	200	40000
oo	500	250000

PLANCHE PREMIÈRE.

Le Sperme de l'Homme.

Ce sperme, tel qu'il vient de l'homme, mort ou vif, est une humeur visqueuse conservée dans un vase, et refroidie ; il devient fluide en 15 à 20 minutes, et prend la couleur et la consistance de l'eau de colle de parchemin. Avec la lentille N°. 2, je n'ai pu y voir que de très-petits points noirs mobiles ; mais avec une lentille qui aggrandit le diamètre quatre à cinq cent fois, on les voit tels que je les représente *fig.* 1. Quand le sperme est encore visqueux, leur marche est lente et traînante ; mais si on le rend coulant, avec de l'eau tiède, leur mouvement devient plus dégagé et plus vif, mais ils décrivent toujours dans leur marche, une ligne tortueuse, comme je l'ai marqué en *a*, jetant toujours leur corps d'un côté à l'autre, et paroissant ramer avec leurs queues ; quand la goutte est un peu trop grosse et trop épaisse, on ne voit que ceux qui s'élèvent du fond, et autant que l'œil en peut juger, ils vont une ligne ou deux en avant, et se renfoncent ensuite. De tout cela, il ne paroît ordinairement à la vue qu'une petite partie de la queue la plus voisine du corps ; son extrémité demeure toujours au-dessous du fluide, et quelquefois elle est traînée, en pendant de haut en bas, ainsi que je l'ai remarqué en *b*. En général les queues sont si fines, que, même

V 2

au grossissement le plus fort, elles ne paroissent pas avoir l'épais-
seur du cheveu le plus fin. Ainsi il faut l'attention la plus exacte
pour les voir, et ne suivre de l'œil que ceux qui s'élèvent assez
pour que leur queue soit en pleine vue. Il en est quelques-uns qui
s'enfoncent au point de ne paroître que comme une ombre *c*, d'autres tournent quelquefois le dessous de leur corps, de manière qu'il
paroît plat et clair comme le dessus *d*. On voit la même chose dans
presque tous les animalcules spermatiques, et dans ceux des bêtes.
Ces corps ont été représentés trop ronds par la plupart des observateurs ; leur forme approche plus de l'elliptique, elle est un peu pointue à
la partie antérieure ; je leur ai vu souvent la même vivacité jusqu'à la
troisième heure ; mais à la quatrième ils étoient languissans, et ensuite je
n'en ai plus vu du tout. J'ai eu occasion d'observer le sperme de différens
cadavres qui étoient encore chauds, et j'ai répété ces observations
assez souvent pour être pleinement convaincu de la certitude de
ce que j'en dis, et de la manière dont je les ai représentés. Le grumeau de sperme *e*, et les petits globules *f*, sont pareillement dans un
mouvement continuel, et sont poussés d'un côté à l'autre, de sorte
que celui à qui le mouvement intérieur, ou *spiritueux*, du sperme
de tous les animaux, qui a lieu ici, seroit inconnu, les prendroit pour
des animalcules d'une autre espèce. Après l'évaporation de la goutte,
on voit une espèce de configuration de branches nues, qui ressemble
assez à celle du *serum* du sang, telle que Ledermuller la représente
Pl. LXXVIII, *fig.* 2, de ses *Récréations microscopiques*, et que
je l'ai vue moi-même, ou bien aussi à celle du blanc d'œuf ; dans celle-ci,
comme dans celle du *serum*, il ne paroît que quelques rameaux nus
fort fins, après l'évaporation de la goutte, *fig.* 2, qui semblent être
l'esquisse d'une configuration de sel ammoniac.

(157)

PLANCHE II.

Crystaux dans le sperme de l'Homme.

Pendant un mois de séjour que je fis dans une ville, il y a quelques années, j'ai eu le bonheur de faire la connoissance d'un savant naturaliste, versé dans les recherches microscopiques. J'ai trouvé · chez lui des instrumens et différentes choses propres pour ces recherches ; il lui manquoit une forte lentille , telle qu'il en faut pour pouvoir découvrir les animalcules spermatiques. Mais ayant mon microscope avec moi, je l'assurai que je lui en ferois voir avec mon instrument. Il parut bien content quand il les vit : il vint quelques jours après, avec une petite fiole en main, dans laquelle il avoit du sperme qui venoit d'être pris dans les vésicules spermatiques d'un homme robuste, mort récemment; à la première goutte que j'en présentai au microscope, il vit les animalcules qui se mouvoient sous ses yeux, avec beaucoup de vivacité, et des observations réitérées sur plusieurs gouttes, dissipèrent les doutes qu'il avoit eu jusqu'alors sur leur réalité. Comme je voulois partir le lendemain, je le priai de me laisser ce sperme pour le soumettre encore à quelques observations. Je le rapportai chez moi, au bout de huit jours, dans une fiole bien bouchée. Je fis ce voyage en automne, et les nuits étoient déjà froides; mais je ne trouvai point dans mon sperme ce que j'y cherchois, c'est-à-dire, des animalcules d'infusions; je n'y trouvai rien qui eût vie, mais de fort beaux cristaux de différentes formes, que je n'y cherchois pas. Ce phénomène extraordinaire et inattendu me surprit et me fit faire des réflexions sur l'origine que pourroient bien avoir ces cristaux. Je les observai pendant plus de trois semaines ; j'y trouvai presque chaque jour de nou-

(158)

veaux cristaux et tout-à-fait différens des précédens, et rarement
quelques-uns de ceux que j'avois vus la veille ; mais l'idée qui me
vint que peut-être la fiole n'étoit pas bien nette , et qu'il auroit pu
s'y trouver quelque chose qui auroit pu produire ces cristaux , diminua tout d'un coup l'étonnement qu'ils m'avoient causé, et je mis
fin à mes recherches.

Au bout de près de trois ans, un hasard semblable me procura
encore du même sperme, que je mis dans une petite fiole , que je
nétoyai bien auparavant, même avec de l'eau chaude et avec toutes
les précautions possibles, que je bouchai bien, et que je remportai
aussi chez moi. J'acquis ici tout d'un coup une certitude au-dessus
de tout doute , que ces cristaux avoient effectivement leur origine
dans le sperme , ayant d'abord apperçu le troisième jour deux
cristaux , dans la première goutte que j'observai, qui avoient la
la forme d'un parallelipipède *a*. Ils étoient au fond de la goutte,
sur le porte-objet , et quand je frappois la boëte à vis du microscope avec le doigt, ils sautilloient comme de petits morceaux de
verre, comme faisoient aussi tous ceux que je vis ensuite. J'en re-
trouvai le lendemain trois semblables *b* , qui étoient ensemble , et
quelques petits de forme quarrée *c*, fort minces; j'en vis aussi dans
une autre goutte, un beaucoup plus beau *d*, qui avoit la forme des
cristaux albumineux *h* de la *Pl. LXVII* des *Récréations microsco-*
piques de Ledermuller. Quelques jours après parurent les deux cristaux *e* et *f*, et les autres de suite, toujours deux ou trois jours l'un
après l'autre, que j'ai représentés sur la planche, toujours dans la situation où je les ai vus, la plupart avec la lentille N⁰. 2 : un des
plus singuliers , étoit la pyramide *g*. Les cristaux dont jai parlé
jusqu'ici, et tous les autres, ne se montroient, pour la plupart, qu'une
seule fois, à l'exception des quarrés, que j'ai vus trois jours de suite, et les

morceaux *h*, en forme de cheneaux ; les longs cristaux *i*, deux jours de suite, ainsi que les *k* et *l*. Dans la cinquième semaine, où un voyage que je fis, m'obligea de finir pour cette fois ces observations, je trouvai encore le beau cristal *m*, en forme de massue.

On sait que la cristallisation de tous les objets qui se découvrent au microscope, ne se fait qu'après l'évaporation entière de tout le fluide, et que les cristaux se dissolvent de nouveau en y versant de l'eau : mais il en est ici tout autrement ; ils se forment dans le fluide, et quand, après son évaporation, on y verse de nouveau de l'eau chaude ou froide, ils reparoissent dans leur première beauté, après avoir été cependant un peu méconnoissables, à cause de l'épaississement de la matière spermatique ; mais la goutte ne contient le plus ordinairement qu'un cristal, et je n'en ai jamais vu qu'un ou deux, mais rarement trois en même-tems, à l'exception d'une fois où j'en ai vus 30 et plus, de la forme pyramidale, que je représente en *k k*.

P L A N C H E   I I I.

Le Sperme du Chien.

J'en ai eu d'un chien de la grande race ; il étoit si fluide, que je n'ai pas eu besoin de l'étendre avec de l'eau, comme le sperme de plusieurs animaux. Quand j'ai voulu en prendre une goutte pour l'observation, je n'ai pu voir que peu d'animalcules, avec une forte lentille ; quelques-uns d'entr'eux *a*, s'enfonçoient quelquefois sous le sperme, et l'on pouvoit à peine les reconnoître. Il y en avoit deux *b*, qui ne pouvoient pas dégager leur queue d'une matière épaisse où elle étoit retenue, et dont le mouvement n'étoit qu'une espèce d'oscillation ; mais j'ai apperçu ici de nouveau, un mouvement fort différent du mouvement animal : il y eut un morceau qui se détacha

(160)

d'un amas de grumeaux d'une matière gélatineuse *c*, sans que je
m'y sois attendu, poussa jusqu'en *d*, avec un globule qui y tenoit,
tourna vers *e* , se dressa comme d'à plomb, et se coucha de l'autre
côté, en avançant lentement en *e*; il disparut après cela du champ
de la vue. J'en vis de nouveau un autre qui ne se mut que de *f* en *g*,
où il cessa de se mouvoir; quelques-uns , sans changer de place *h*,
se tournoient de manière, qu'on pouvoit les voir du côté les moins
épais , parce qu'ils se tournoient toujours lentement , quoique ces
morceaux ne changeassent pas de forme; il étoit assez visible qu'ils
étoient sans vie , et que les mouvemens qu'on leur voyoit, n'avoient
point leur principe en eux; cependant un observateur novice , qui
n'auroit point été au fait des véritables animalcules microscopiques,
auroit certainement cru que c'en étoit. Nous avons donc ici sous les
yeux , une nouvelle preuve de la force motrice intime du sperme
animal, qui ne nous permet pas de douter que la substance spiritueuse est aussi active ici, que dans l'esprit de vin, et qu'elle produit un mouvement uniforme, quoique son action, à cause de l'abon-
dance des humeurs aqueuses dans lesquelles elle est enveloppée, soit
un peu plus lente. Après l'évaporation, parut la configuration de
sel ammoniac; et après qu'il eut été huit jours dans une fiole bouchée ,
on vit aussi des cristaux de sel commun, *fig.* 2, avec une nouvelle
configuration de sel ammoniac.

PLANCHE IV.

Le Sperme de l'Ane.

La marche des animalcules spermatiques de l'âne, *fig.* 1.ere , *a*, est
un peu lente, en comparaison des autres; mais ils vont assez vite
pour que leurs mouvemens soient bien visibles. Quand en nageant,

ils

ils renversent leur corps longuet sens dessus dessous, comme il arrive souvent. On leur voit un côté clair *b* ; ils ont la queue longue
et droite , mais je l'ai vu courbe *c* , à quelques-uns. Les globules
transparens *d* , étoient emportés avec beaucoup de rapidité, et les
gros grumeaux du sperme *e* , étoient pareillement poussés comme
dans le sperme du chien de la planche précédente, souvent se dressoient d'à plomb , et se couchoient de l'autre côté. Après l'évaporation , la configuration du sel ammoniac , et les cristaux de sel commun
parurent aussi. Cette observation fut faite en Mars.

P L A N C H E V.

Le Sperme du Cheval.

M'étant trouvé dans un endroit où il y avoit un baras , dans le
tems que les jumens étoient en chaleur ; j'ai eu l'occasion que je
cherchois depuis long-tems, de faire sur ce sperme des observations
multipliées et presque tous les jours, pendant plus de quatre semaines. Je l'ai fait prendre ainsi que j'avois fait pour le sperme
de l'âne , immédiatement après l'acte du cheval, ce qui ne put se
faire cependant qu'à l'égard de quelques-uns, parce que dans les
autres, souvent l'éjaculation se fait si net, qu'on ne peut en recueil-
lir une goutte, au lieu que des autres, on en amasse souvent plus
d'une cuillerée. Ce sperme est ordinairement d'une consistance fort
aqueuse et de couleur blanche. Mais quelques chevaux ont aussi
donné quelquefois un sperme si visqueux, que tout le monde l'auroit pris pour de la colle de relieur , faite de l'amidon le plus fin ;
il couloit comme la térébenthine en fils de deux aunes de long ; et
aussi long-tems qu'il conserve cette consistance, il ne se mêle point
à l'eau , mais il y demeure en grumeaux qui tiennent ensemble ,

X

avec telle force et aussi long-tems qu'on puisse l'y remuer. Le sperme que j'ai observé étoit d'un cheval déjà un peu âgé ; après des observations réitérées, je n'y ai trouvé aucun animalcule spermatique ; mais j'en ai trouvé quantité dans la semence moins épaisse, qui se mêle à l'eau, ainsi que je le représente dans la planche.

Parmi un grand nombre de ceux qui se mêlent d'élever des poulains, il règne le préjugé, qu'il ne faut point abreuver le cheval peu de tems avant qu'il couvre la jument, parce que le sperme seroit trop clair et trop aqueux. Ce que je viens de dire nous fait voir évidemment le contraire, outre que la saine raison ne permet pas de croire que l'eau puisse, en si peu de tems, parcourir le long trajet qu'elle auroit à faire jusqu'aux vaisseaux spermatiques.

Ces animalcules spermatiques ont presque la même forme que ceux de l'âne, et leur marche non plus n'a pas plus de vîtesse, c'est un mouvement de trépidation qui ne les fait avancer que lentement ; leur changement de place est cependant toujours visible. Ils paroissent être d'une foible constitution ; malgré l'eau chaude dans laquelle j'avois mis la fiole, qui contenoit le sperme, je n'ai pu jamais les conserver en vie plus de deux heures.

Dans les grumeaux de matière spermatique qui paroissent dans la goutte au microscope, on voit un mouvement de même espèce que celui que nous avons vu dans le sperme du chien, et dans celui de l'âne, non-seulement les grumeaux sphériques a, parfaitement semblables aux globules du sang humain, se roulent, ou plutôt sont roulés, mais je vis aussi une fois un grumeau plat, qui changea de forme en chemin faisant ; il avoit d'abord presque celle d'un triangle équilatéral, dont un côté b étoit un peu retroussé ; mais arrivé en c, toute la moitié de ce côté étoit relevée ; alors il se rabattit de manière que parvenu en d, il étoit ouvert comme un livre ; le premier

côté se releva alors de nouveau, et lui donna l'air d'un petit go-
belet un peu long *e*; l'évaporation commença alors, et mit fin à
l'observation.

P L A N C H E   V I.

Configuration du sperme du Cheval.

On voit ici une configuration ammoniacale, mais aussi, en même-
tems, quelques cristaux qui décèlent un peu, à la vérité, le sel marin,
et qui n'ont pas tout-à-fait la forme de ceux du sperme de l'âne.
La goutte qui a donné cette configuration, a été prise du sperme
visqueux, parce que j'ai remarqué qu'elle réussissoit mieux que
celle qui est tirée du sperme plus clair ; elle est bien marquée
quand le sperme est encore fort frais ; mais après trois ou quatre
semaines, tems pendant lequel la matière spermatique se résout entièrement en une humeur aqueuse et fluide, elle s'affoiblit, et disparoît enfin totalement ; dans ce sperme complettement dissous, qui
avoit été renfermé dans une fiole bien bouchée , je trouvai, dans
la quatrième semaine, quelques animalcules globules fort petits,
et mouvant, qui disparurent ensuite absolument au bout de huit
jours.

P L A N C H E   V I I.

Cristaux dans le sperme du Cheval.

Ayant observé de nouveau ce sperme au bout de presque trois
mois, pour voir s'il ne s'y étoit peut-être pas fait quelque changement ; dans cet intervalle de tems, je ne comptois sur rien moins
que d'y voir des cristaux, parce que j'y en avois déjà souvent cherché en vain ; ma surprise a dû être d'autant plus grande , que je vis, à
la première goutte, un très-gros cristal *a* , d'une forme telle que

X 2

(164)

dans toutes mes observations subséquentes, je n'en ai encore trouvé
qu'un pareil. Je les ai continuées pendant quatre semaines, en observant trois gouttes chaque jour, et pendant ce tems j'ai vu tous
les cristaux que présente cette planche, les uns une seule fois, d'autres plus souvent, mais le plus souvent ceux qui ont la forme d'un
tuyau *b*, ou d'une règle *c*.

PLANCHE VIII.

Le Sperme du Mulet.

Il a déjà été question de ce sperme, et du soupçon que j'avois
que je n'y trouverois point d'animalcules spermatiques (§. 36) ; je n'ai
donc ici que deux mots à en dire relativement aux parties salines qu'il
contient. La configuration telle qu'elle est représentée *fig.* 1, parut
dès le premier jour que j'ai eu le sperme ; mais quatre semaines
après, je la vis non-seulement plus régulière, mais aussi ses rameaux étoient beaucoup plus longs et plus larges, et les cristaux
salins *a*, qui sont ici informes, avoient alors la forme du sel marin.
Ce sperme n'étoit que de trois jours, quand parut aussi le gros
et beau cristal *fig.* 2 ; mais malgré des observations continuées pendant plus de quatre semaines, et journellement, je n'y découvris que
les trois cristaux informes, *fig.* 3, 4, 5, sans pouvoir en découvrir un
de plus. Cette cristallisation, d'après ce que j'ai dit de son origine,
§. 112, et comme les observations suivantes le prouveront, ne fe-
roit-elle pas conjecturer qu'elle résulte des débris d'animalcules
spermatiques. Au bout de trois mois, la fiole bouchée qui contenoit ce
sperme, me tomba par hasard dans la main ; je l'observai de nouveau, et j'y trouvai quelques petits animalcules, fort clairs, se mouvant seulement la plupart, sans s'écarter de l'endroit où ils étoient,

comme ceux d'infusion, *Pl. XVIII*, C II. Ce qui prouve, il est vrai, que de certains animalcules, de la forme de ceux qui se trouvent dans les infusions, peuvent cependant avoir leur origine dans le sperme des animaux. Mais cela ne détruit pas la preuve qu'ils n'ont rien de commun avec les animalcules spermatiques ; parce qu'outre la différence extérieure du corps, le fluide spermatique, dans lequel ceux-ci vivent, tue les autres, dès qu'il est mêlé dans leur infusion.

P L A N C H E I X.

Le Sperme du Taureau.

Mon séjour à la campagne me procura l'occasion que je desirois de pouvoir l'observer plusieurs fois ; car tout le long de l'hiver et du printems, jusqu'à ce que les bestiaux aillent aux herbes, le taureau d'un village en couvre les vaches dans la basse-cour. Le sperme que le taureau jette encore en lâchant la vache qu'il a saillie, étoit reçu dans un vase de bois, toujours prêt pour cela, et en étoit apporté pour mes observations. Ainsi je puis dire que des animalcules spermatiques, que j'ai vus jusqu'ici, il n'y en a aucun qui me soit mieux connu que celui du sperme du taureau. Il a la vie si dure que même à 10 et 12 degrés au-dessous de 0, du mercure du thermomètre de Reaumur, et quand la fiole qui contient le sperme, est aussi froide que la glace, il conserve cependant sa vivacité pendant trois à quatre heures, sans même paroître sensible à l'eau froide, dont on délaye le sperme. Ce sperme a presque l'odeur et la couleur de l'eau de colle. Dans celui d'un jeune taureau de deux à trois ans, j'ai toujours trouvé un plus grand nombre d'animalcules, que dans celui d'un taureau de cinq ou six ans. Leur corps est plus épais aux deux extrémités, qu'au milieu, et c'est le plus gros de tous ceux que je connoisse encore de ce genre. Le dessus ou le dos en est sombre et opaque, et il paroît tel *a*, quand il est directement opposé à l'œil ; mais quand les animalcules se trouvent, comme il arrive souvent, de manière qu'on puisse les voir de côté, on apperçoit la surface *b* du dessous qui est plus claire, et enfin, quand ils sont tout-à-fait renversés sur le dos, on n'apperçoit plus rien de l'opacité de celui-ci, comme en *c*. Il est rare qu'ils se tiennent long-tems à la surface du sperme fluide ; mais ils aiment à plonger souvent leur corps *d*, en se retournant, comme je viens de le dire, et l'observateur ne les voit plus que confusément, ou les perd tout-à-fait de vue, jusqu'à ce qu'il leur plaise de s'élever de nouveau *f* ; leur longue queue, qui ressemble à un cheveu, sort de la partie postérieure de leur corps, ce qui est cause que, comme elle est toujours plus enfoncée dans le fluide que le corps, on ne peut pas la voir assez distinctement avec la plus forte lentille, qui ne peut en être assez approchée, à cause du fluide, au lieu que la suivante, N°. 1, la fait paroître aussi clairement que je le représente ici : elle est bien cinq à six fois plus longue que le corps ; et comme elle a la roideur d'un cheveu, et aucun mouvement propre, elle est toujours dans la même direction que lui. Leur allure en avant est lente ; mais le mouvement qu'ils font en zig-zag pour changer de place, l'est moins.

Tout est en vie dans ce sperme, ou plutôt paroît y être, parce que des grumeaux entiers, et les petits globules qui s'y trouvent, sont continuellement poussés d'un côté à l'autre. Si je n'avois pas déjà découvert la véritable cause de ce mouvement, dans les observations précédentes, je l'aurois attribué aux animalcules ; mais ces observations m'ont appris, que, quoique les animalcules effectifs puissent y avoir quelque part, à cause de leur grand nombre,

la cause principale en est cependant toujours le mouvement intérieur ou *spiritueux* du sperme.

Je regardai encore une fois ces animalcules dans leur fluide,
au bout de trois jours ; mais ils n'avoient plus qu'un mouvement
lent et vacillant, sans sortir de place, tantôt se plongeant, tantôt
se remontrant à la surface : on y voyoit aussi quelques globules
mouvans ; mais quelques jours après tout mouvement y avoit cessé.

PLANCHE X.

Configuration du sperme du Taureau.

Il est vrai que ce sperme, encore tout récent, laisse toujours
cette configuration de sel ammoniac, après son évaporation, quand
on n'en a pris qu'une petite goutte, et qu'elle a été bien étendue
sur le porte-objet ; mais comme les cristaux salins n'ont coutume de
paroître dans les autres spermes animaux, qu'après avoir été gardés
pendant quelques jours dans un vase fermé exactement, j'en fis de
même avec ce sperme ; je l'observai neuf jours de suite, jusqu'à ce
qu'enfin le 9ᵉ. jour parurent dans la configuration ordinaire, qui est
ici représentée, après l'entière évaporation de toute humidité, quelques cristaux *a* de sel marin, dont deux *b* étoient placés de manière qu'il paroissoit que les rameaux de la configuration en étoient
sortis. Une autre fois, en observant le sperme d'un autre taureau,
en Mai, je vis ces cristaux, dès le 3ᵉ. jour, pendant lequel j'avois
aussi vu auparavant, comment les animalcules spermatiques tantôt
se plongent, tantôt remontent dans le fluide pour changer de place ;
plusieurs petits globules, semblables à la plus petite espèce connue
des animalcules d'infusions, y nageoient aussi ; mais deux jours après,
on n'y voyoit plus rien de mouvant.

C'est une chose particulière que l'ancienneté du sperme renforce la configuration dans certains spermes animaux, et que dans celui-ci, dès la quatrième ou cinquième semaine, elle se perde presque tout-à-fait, et ne paroisse ou que très-foiblement, ou point du tout.

Il faut que je fasse observer ici, qu'on ne doit point juger de la configuration du sel ammoniac, d'après la figure qu'en donne Leder-muller dans ses *Récréations microscopiques*, parce qu'elle n'est pas exactement conforme au vrai caractère de ce sel.

Pour prévenir l'objection que cette configuration pourroit bien être due aux parties urineuses qui se seroient mêlées dans l'urètre avec le sperme, j'ai fait prendre de l'urine du taureau, et après l'avoir observée différentes fois, je n'y ai trouvé que très-peu de traces de la configuration de ce sel, et j'y ai rencontré, au contraire, beau-coup plus de ces cristaux de sel commun, qui se trouvent dans le sperme. J'ai gardé et observé ce sperme pendant plus de quatre mois, pour y chercher de tems en tems de ces cristaux, comme j'en ai trouvé dans d'autres spermes; mais je n'en ai pas trouvé un seul.

PLANCHE XI.

Animalcules spermatiques du Bouc.

On tua chez moi deux boucs, dans les premiers jours du mois d'Août; je m'en procurai les vésicules spermatiques, dont je tirai quelques gouttes de sperme, dans lequel je ne trouvai que quel-ques animalcules. Mais ayant coupé transversallement un des vais-seaux déférens, j'en exprimai que je mis sur le porte-objet; et la vie et le nombre des animalcules que je vis ici, m'étonna, tout étoit dans un mouvement viperin, qui les faisoit aller en avant, sans pourtant s'éloigner beaucoup de l'endroit où ils étoient, parce que

leur

leur multitude , et la viscosité du sperme les empêchoient visiblement d'avancer , comme je tâche de le représenter dans la
fig. 1.ere; je repris un peu de sperme que j'étendis avec une petite
quantité d'eau chaude. Je vis ici, comme en *a* et en *b*, la véritable allure, et la vraie forme de ces animalcules. Leur allure est exactement en droite ligne, et de tems en tems comme sautillante, ainsi que
je l'ai marquée par des points, pour exprimer les bonds qu'ils font
sans s'écarter de leur route. Ils n'avancent au reste que lentement,
se portant toujours d'un côté à l'autre, ce qui met à même de voir
leurs côtés clairs, et la véritable forme de leur corps posé d'à plomb
sur le mince côté de dessous. On leur voit aussi une queue exactement fine, qui est plus de deux fois plus longue que leur corps , et
qui ne peut être apperçue que rarement dans la confusion de la
fig. 1.ere, et jamais dans toute sa longueur.

La 2e. *fig.* représente une configuration particulière de ce sperme,
qui ressemble beaucoup à celle du blanc d'œuf desséché vu au microscope. Elle n'a lieu qu'après le desséchement du sperme tiré
des vésicules spermatiques ; celui qu'on tire des vaisseaux déférens
a toujours une configuration différente.

P L A N C H E   X I I.

Animalcules spermatiques de la Grenouille.

Les reins de l'homme et ceux des quadrupèdes , ne sont destinés qu'à la séparation de l'urine ; mais Schwamerdams a découvert que la grenouille fait une exception à cette règle, et il a trouvé
que les reins et les vaisseaux déférens ont, dans cet animal, une double
fonction , et qu'ils servent, et à l'évacuation de l'urine , et à l'émission
du sperme : mes observations s'accordent avec les siennes, puisque je

Y

lui ai trouvé les mêmes animalcules dans les reins , que dans les
vésicules spermatiques. Tout le long de l'hiver jusqu'au tems de
l'accouplement, en Mars., on n'en trouve que dans les reins ; au lieu
que je n'en ai trouvé dans les vésicules spermatiques que dans la
grenouilles qui s'étoient déjà accouplées, et dans celles dont j'ai
interrompu l'accouplement. Les animalcules ne fourmillent pas
moins dans les vésicules spermatiques des mâles ainsi séparés de
leurs femelles, que dans les reins ; et quand le sperme est mêlé
avec de l'eau, on y voit tant de mouvement, qu'il seroit difficile à
l'observateur de distinguer ce qui n'a qu'une vie apparente, de ce
qui vit réellement, si les gros grumeaux du sperme entre-mêlés de
globules sanguins, ne faisoient appercevoir et juger qu'il y a un
mouvement intérieur. Leur tournoiement et leurs allées et venues
paroissent être la cause du mouvement rapide des petits corps
globuleux, quoiqu'on ne puisse nier, que s'il étoit de plus longue
durée , et s'il ne se faisoit point par secousses , il ne ressemblât
beaucoup à un mouvement spontanée. Celui des animalcules spermatiques est de toute autre nature. Quant à leur corps long et pointu
aux deux extrémités, et à raison des tours qu'ils font dans l'eau,
on ne sauroit mieux les comparer qu'à des truites ; comme elles,
ils demeurent immobiles, et ils oscillent dans la même place comme
une nacelle sur l'eau ; comme elles, ils nagent en traçant aussi une
ligne tortueuse , dont ils donnent pareillement la forme à leur corps ,
se mouvant tantôt plus, tantôt moins vite ; tantôt ils s'élèvent , tantôt
ils se plongent de nouveau , et se dérobent à la vue. J'ai représenté tout cela sur la planche , du mieux qu'il m'a été possible.
Après l'évaporation du fluide., ils ne deviennent pas aussi invisibles,
que beaucoup d'autres animalcules spermatiques, et ils paroissent
ensuite, tels que je les représente en *a*. Comme j'ai vu de tems en

tems nager parmi les autres, des corps animés comme ceux en *b*,
ces deux observations m'ont fait douter si cette forme ne seroit
pas celle des animalcules qui, comme les poissons, se tiennent droit,
aussi long-tems qu'ils sont en vigueur, et ne montrent que leur
côté étroit, mais qui s'abattent quand ils languissent ou meurent,
et présentent leur côté large. Si cela étoit plus qu'une conjecture, une petite grenouille auroit des animalcules spermatiques
beaucoup plus gros que ceux des plus grands animaux.

PLANCHE XIII.

Animalcules spermatiques du Coq.

M. de Buffon cite, dans son histoire naturelle, le passage suivant,
tiré d'une lettre de Leuwenhoeck à M. Grew : « En observant cette
» matière (le sperme du coq), je fus étonné de la quantité d'ani-
» malcules vivans qui s'y offrirent à ma vue. Quant à leur forme ex-
» térieure ils paroissoient ressembler à nos anguilles de rivière, et
» se mouvoir avec une rapidité extraordinaire. Je crus cependant
» remarquer, parmi eux, des globules fort petits et délicats, et quel-
» ques figures ovales plates, à qui il faudroit aussi accorder de la
» vie, à cause de leurs mouvemens ; mais je m'imaginai que tous
» ces mouvemens n'étoient causés que par les animalcules, et la
» chose est telle, dans le fait, que je la conjecturois. J'ai cependant,
» non une simple opinion, mais une certitude, que ces particules
» ovales et plates représentent certains animalcules qui sont mêlés
» ensemble, dans un certain ordre, et n'ont point encore de vie ».
M. de Buffon tâche par-là d'exclure entièrement du règne animal
les animalcules spermatiques, et de les assimiler aux particules
rondes et plates, qui nagent parmi eux ; quoique Leuwenhoeck les

appelle seulement des animalcules sans vie, faisant connoître par-là qu'il étoit lui-même incertain de ce qu'il en feroit, nous les prendrons pour des animalcules effectifs; car quand ce seroit des animalcules sans vie, ce n'en seroit pas moins des animalcules spermatiques, et non des molécules.

Quoique Leuwenhoeck ait décrit assez exactement les animalcules spermatiques du coq, malgré qu'ils n'ont point tout-à-fait la forme d'anguille, mais qu'ils se terminent seulement en pointe vers la partie postérieure de leur corps, il faut que je dise cependant que, relativement aux petites particules qui d'abord lui parurent avoir vie, il s'est trompé en concluant que leur mouvement n'avoit d'autre cause que celui des animalcules qui se trouvent dans ce sperme en si grand nombre, puisque les observations précédentes nous ont donné des preuves suffisantes du mouvement intérieur du germe animal.

Avant d'étendre le sperme sur le porte-objet avec de l'eau chaude, on voit une fourmillière d'animalcules si vifs, qu'il est impossible de reconnoître leur véritable forme ; mais dès que l'eau a mis plus d'intervalle entr'eux, ils paroissent tels que je les ai figurés ici. Alors leur corps est si mince et si transparent, qu'on a de la peine, dans cette confusion, à les voir toujours parfaitement distincts. Leur allure n'est pas droite non plus, comme celle des autres animalcules spermatiques, mais ils se jettent plus de côté, en formant diverses courbes, sans cependant s'éloigner beaucoup de l'endroit où ils se trouvent. Il arrive par-là, et aussi en vertu du mouvement intérieur, que les petits globules, et particulièrement quelques-uns fort obscurs, sont poussés avec eux d'un côté à l'autre. Il n'y a qu'un observateur à qui ces sortes de mouvemens dans les autres spermes animaux, ne sont point encore connus, qui puisse les regarder comme spontanées. Ce sperme se trouve dans les cordons spermatiques du coq, qui descendent depuis les parois intérieurs du dos jusqu'à l'anus. M. de Buffon soutient, contre l'opinion de Harvey, que bien loin que la verge manque au coq, il en a plutôt deux. Mais malgré toutes les peines que je me suis données dans diverses dissections des parties génitales de cet oiseau, je n'ai jamais pu découvrir la moindre chose qui approchât de la verge d'un mâle ; mais j'ai plutôt toujours été confirmé dans l'opinion que la fécondation se fait, dans ces animaux, par une simple friction. Peut-être M. de Buffon a-t-il regardé, comme deux verges dans le coq, les deux extrémités des cordons spermatiques qui sortent un peu quand on les presse d'une certaine manière.

OBSERVATIONS

SUR DIFFÉRENTES INFUSIONS.

INTRODUCTION.

« Il nous manque, dit M. le pasteur Goeze, dans son beau *Mémoire sur les animalcules mères d'infusions*, des expériences suffisantes et concordantes qui puissent servir de base à un système parfait et certain, qui réponde à toutes les difficultés sur ce sujet obscur, et qui nous permette de dire : ainsi, et non autrement, s'opère toute génération des animalcules d'infusions, etc. » Et M. Spallanzani dit, dans une lettre écrite à M. Bonnet, qu'une fausse philosophie a voulu nous persuader que les animalcules d'infusions étoient comme une espèce de bâtards dans la nature, et qu'ils n'étoient point engendrés, comme les autres animaux qui nous sont connus ; « mais ils ont été
» examinés, dit-il, et bien éclaircis par plus d'un naturaliste. Il seroit
» bon cependant que d'autres rassemblassent toutes les preuves pos-
» sibles sur ce sujet. La théologie naturelle ne leur en auroit pas peu
» d'obligations, et le système du développement, qui est bien appuyé
» par une saine philosophie, en retireroit beaucoup d'avantages. La
» solution de ce problème exigera une précision, et une discrétion
» presque plus qu'humaine. Je ne connois aucune sorte de recherches
» qui demande du naturaliste une logique plus serrée. Il faut dou-
» ter sans cesse si l'on voit bien, et ne pas se laisser tromper par
» l'apparence. Il faut, pour ainsi dire, oublier de nouveau tout ce
» que l'on sait sur les grands animaux ». L'impression que ces

deux passages ont fait sur moi , et tous les encouragemens que
nous trouvons dans les ouvrages , entr'autres de M. Bonnet, pour
nous mettre à la recherche de ces choses couvertes de tant de mystères, ont donné une nouvelle force à l'impulsion qui m'y porte, et
m'ont inspiré toute la patience nécessaire pour suivre à pas certains
ces petits êtres, que la multiplicité seule des observations peut tirer
de l'obscurité mystérieuse qui les dérobe aux yeux les plus perçans.
Puissé-je être assez heureux pour avoir indiqué ici, et dans le projet
d'établissement d'une société microscopique (1) , que j'ai proposé ,
la voie la plus sûre pour se guider dans ce labyrinthe de doutes
et d'erreurs! puisse-t-il se trouver d'autres observateurs qui aient le
tems et la patience nécessaires pour continuer les observations , et
remplir les vuides que laisse encore l'histoire imparfaite de ces
êtres! J'ai déjà parlé, dans la seconde section, de divers observateurs,
qui se sont fait beaucoup d'honneur , par les peines qu'ils se sont
données pour parvenir à ce but. M. Spallanzani , seul , s'est occupé
de ces recherches pendant plus de trois ans. L'excellent ouvrage
de M. Muller, dont j'ai fait mention, est aussi déjà entre les mains
de tous les naturalistes , et le tems est enfin arrivé où l'on commence à voir et à penser. Mais plusieurs de ces habiles observateurs se sont plus occupés, ce semble, de la forme et des propriétés
de ces nouveaux chaînons de la chaîne du règne animal , que de
leur origine et de leur histoire. M. Muller, conseiller d'état , dans
ses observations qui ne sont encore éclaircies par aucune figure,
ne s'est servi que rarement de la plus forte lentille, probablement
parce qu'il la croyoit inutile à ses vues; et M. Spallanzani , selon

---

(1) *Neue Mannig falt-igkeiten* (*Variétés nouvelles*) 4e. année , pag. 481.

que j'en juge par les figures, quoique mal gravées, de la traduction
(allemande) de son mémoire, s'est servi, dans les siennes, du microscope composé, auquel les plus fortes lentilles ne sont pas bien
propres, et que je verrois très-volontiers arracher des mains des
observateurs. C'est pourquoi je me hasardai, dans le champ qui étoit
encore ouvert à mes recherches, avec des moyens pour pouvoir
sinon pénétrer dans le secret des mystères qui en sont l'objet, au
moins en approcher assez pour en apprendre quelque chose, ainsi
que je pouvois l'espérer ; et la réflexion que l'on n'y réussit pas,
tant par la multiplicité des objets, que par des observations réitérées
sur un seul et même objet, me fit borner les miennes à un petit
nombre d'infusions. Je fis choix pour cela de petites fioles hautes
de trois pouces sur un de largeur, et je mis dans chacune d'elles,
une fois, une drachme de graine sur deux drachmes de rosée , ou
d'eau de pluie, l'une et l'autre distillées ; une autre fois trente grains
de graine , sur deux drachmes, encore du même fluide. Le 14 Juin,
les premières infusions , et le 30 , les dernières, toujours doublées,
furent préparées, et une moitié de chacune fut bouchée, et l'autre
resta ouverte.

Afin de pouvoir comparer les observations , et les voir comme
d'un coup-d'œil, je les portai chaque jour sur ma table préparée
pour cela. J'eus le bonheur de ne point être obligé, comme il falloit que cela fût, d'interrompre mes observations par aucun empê-
chement, ni par d'autres occupations qui pût leur préjudicier, mais
de pouvoir leur consacrer, chaque matin, trois à quatre heures sans
interruption ; je me suis toujours étudié à me mettre dans la disposition que M. Spallanzani recommande, d'oublier, dans les observations microscopiques, tout ce que l'on sait sur les animaux ordinaires, et l'exemple des autres, qui n'ont jamais que vu, ou n'ont

pas

pas vu , parce qu'ils ont voulu voir , on ne pas voir , ne m'a point
rendu attentif sur moi-même ; aussi ne me suis-je jamais écarté de
ma règle , de ne point jeter les yeux sur les figures du jour précédent , qu'après avoir fini celles du suivant : c'est le meilleur pré-
servatif contre les illusions de l'œil examinateur. Quant aux systêmes , il n'en doit pas être question avant d'avoir tout vu , ou au
moins, autant qu'il est possible , de ce qu'il y a à voir. Telles que
soient nos facultés visuelles , nous ne devons jamais rien conclure
qu'après avoir bien vu. Je me suis fait une loi, tant dans toutes mes
autres observations, que dans celle-ci, de ne penser qu'à bien voir,
et à bien dessiner ; quand je suis à faire l'un et l'autre , quand j'ai
enfin rassemblé la quantité nécessaire de figures , je les considère
comme si elles étoient venues d'une main tierce ; je compare, je ré-
fléchis, je conclus et j'écris. Peut-être parlé-je un peu trop et trop
long-tems de moi-même ; mais je crois qu'un observateur microscopiste ne peut prendre trop de précautions contre les incrédules,
et qu'il doit prévenir les objections superficielles du septicisme et
de l'inexpérience.

J'ai dit que j'avois bouché la moitié de mes fioles ; on verra, par
ces observations, que la différence dans la production plus ou moins
prompte , l'augmentation et la conservation des animalcules , dans
les fioles bouchées ou non , n'est pas importante , et que M. Needham
n'a point eu tort d'avancer que cela est indifférent , et que les animalcules naissent toujours dans les vaisseaux ouverts ou fermés ,
dans l'eau bouillie ou crue ; mes expériences confirment l'un et l'autre.
Si M. Goeze n'a point pu obtenir d'animalcules dans des vaisseaux
fermés , cela a pu venir de ce qu'il avoit bouché le vaisseau avec
un morceau de vessie , qui avoit peut-être conservé une odeur
urineuse qui aura suffoqué les animalcules dans leur naissance. En

Z

procédant donc, avec toutes les précautions dont je me suis fait une règle , il sera rare, dans les jours chauds, que l'on manque entièrement son but ; je dis entièrement , parce que souvent aussi il arrive dans la saison la plus favorable , comme nous l'avons déjà vu, §. 93, que de la même graine , qui m'avoit donné une infinité d'animalcules, je ne pus parvenir, quinze jours après, à en voir un seul. Quand je la fis infuser de nouveau, j'ai cependant réussi un jour à trouver dans une infusion de laite de carpe, une grande quantité d'animalcules les plus gros, qui naquirent dans une eau froide, à cinq degrés au-dessous de o, au thermomêtre de Reaumur ; cette infusion donna aussi plusieurs cristaux.

On obtient en été le plus promptement, et la plus grande quantité d'animalcules d'infusions, des parties récentes des plantes, et en versant de l'eau fraîche sur le résidu des infusions évaporées ; mais c'est de la rosée bien distillée, qui commence à se corrompre, qu'il en naît la plus grande quantité ; ils y sont en si grand nombre, que les débris de leurs corps morts y forment à la fin un précipité de terre brune ; il se manifeste ici, pour ne rien dire de la cristallisation qui se fait dans les infusions, que les animalcules passent dans le règne minéral ; car si on distille cette terre brune, on en obtient un soufre visible, qui s'attache au col de la cornue, du nître dans le flegme, par la lixiviation, du résidu terreux, et par l'évaporation, des sels de diverses espèces ; mais je n'ai jamais trouvé de cristaux de sel commun parmi les autres (2).

___

(2) Ce qui monte d'abord , dans la distillation , est un flegme acide , qui est suivi par une huile empyremnatique fort pesante et d'une odeur forte. Un jour je mis cette eau et cette huile ensemble en réserve dans une fiole bien bouchée ; elle me tomba sous la main environ un an après ; je trouvai entre le

Mais ce que je remarquai être le plus contraire à la production des animalcules d'infusions, c'est la proportion inégale entre l'eau et la matière infusée, quand celle-ci y abonde trop ; et j'ai reconnu qu'une quantité beaucoup moindre de graine que celle que j'avois prise pour deux drachmes d'eau, suffisoit pour produire des animalcules, parce qu'il ne s'agit d'abord que de favoriser la fermentation, par une addition de parties animales ou végétales, les animalcules trouvent ensuite autant de nourriture qu'ils en ont besoin pour leur développement et leur conservation.

J'ai encore quelque chose à dire sur la force de leur vie. L'infusion de laite de carpe, dont j'ai parlé, ayant été gelée pendant deux heures, et ensuite dégelée, les animalcules n'y nagèrent point ensuite avec moins de vivacité qu'auparavant ; je les filtrai aussi au travers d'un cône de neige, comme fit M. Spallanzani, et j'eus le même résultat. Les siens n'ont pas soutenu l'action des rayons solaires ; au lieu que j'ai exposé les miens plusieurs fois, pendant six à sept heures au soleil le plus chaud, sans que leur vivacité ordinaire en ait souffert la moindre atteinte ; mais 40 degrés de la chaleur d'un four, au thermomêtre de Reaumur, les tue petits et gros, et il paroît qu'alors la peau des derniers crêve, puisqu'on en trouve quelque débris ensuite.

Comme des observations plus récentes que celle-ci, m'ont donné lieu de former de nouvelles conjectures sur la manière dont ces animalcules se propagent, je vais les proposer ici. J'y ai vu plusieurs

---

flegme de couleur jaune et l'huile surnageante, une couche de sel, qui faisoit que le contenu de la fiole étoit divisé en trois parties égales. Alors j'étois encore étranger au monde microscopique, sans cela je pourrois aujourd'hui dire quelque chose de plus sur ce phénomène.

Z 2

(180)

fois des animalcules qui, ainsi que je les ai représenté *Pl. XXI*,
B III, et C III, traînent quelque chose que, dans l'explication de
cette planche, j'ai cru pouvoir comparer à du frai. Ayant souvent
revu ensuite les mêmes animalcules, après l'évaporation de l'eau,
j'apperçus une quantité de ce frai entre les animalcules morts; une
nouvelle lumière parut comme m'éclairer, et me fit naître l'idée
qu'ils déposent peut-être aussi leurs œufs dans du frin, comme les
grenouilles. Mais comme j'ai vu aussi plusieurs fois des marques
de certaines forces d'attraction dans les animalcules d'infusions,
elles pourroient bien être de tems en tems la cause de ces traînées.
Je vais terminer cette introduction par la nomenclature des différentes sortes d'animalcules que j'ai rencontrés dans mes observations.

1°. Le *cahos*, *Pl. XVII*, B II, *Pl. XXI*, A II (3).

2°. Le *prélude*, *Pl. XIV*, B I, *a*; *Pl. XIX*, C III, *Pl. XXIX*,
fig. 8.

3°. Le *jeu de nature*, *Pl. XIV*, A I, 1, 2, 3, 4, et A III, *a, b, c*,
Pl. XVII, D I, *a*, D II, *a*, D III, *c*.

4°. La *balle ramée*, *Pl. XIX*, D I, *c, d, e, f.*

5°. La *comète*. Elle va en avant et en arrière, toujours avec une
queue immobile, *Pl. XVII*, B I, *b, c*, D III, *a, b*, F III, *a*.

6°. La *flamme*, *Pl. XIV*, A I, *c*, *Pl. XVII*, D I, *c, d*,
Pl. XXI, F II, *b*.

7°. Le *flacon*, *Pl. XVII*, D I, *e*, *Pl. XIX*, C III.

8°. Le *serpent*, *Pl.*, *XVII*, C II, *a*, F III.

9°. Le *trembleur*, *Pl. XIV*, D II, *a*, *Pl. XXI*, F II, *a*.

10°. Le *petit trait*, *Pl. XIV*, A II, *Pl. XIX*, G II.

---

(3) Cette dénomination n'a lieu que jusqu'à ce que l'animalcule se soit développé.

11°. La *pantoufle*, *Pl. XVII*, E II, *b*, *Pl. XIX*, E I, *a*.

12°. L'*informe*, *Pl. XIV*, D III, *a*, *Pl. XV*, B II, *Pl. XVI*, A II.

13°. Le *cylindre*, *Pl. XVII*, A III.

14°. Le *globule*.

15°. L'*ovale*.

16°. Le *point*, *Pl. XIX*, F III, G III. Ces animalcules ne paroissent que quand la fermentation est au plus haut degré.

17°. La *pendeloque*, ce nom désigne toujours la plus grande espèce d'animalcules d'infusions, *Pl. XV* et *XXI*.

18°. La *cloche*, *Pl. XXIII*, *b*, *fig. 1*, *m*.

19°. La *souris*, ibid., *fig. 6*, *p*.

20°. Le *tuyau*, *Pl.*, *XXVIII*, *fig. 3*.

21°. La *sang-sue*, *Pl. XXIX*, *fig. 4 et 5*.

Tous les termes de cette nomenclature qui sont en italique dans cette suite d'observations, sont des animalcules.

EXPLICATION générale des Planches suivantes.

Les cases vuides indiquent qu'on n'a point apperçu de vie dans trois gouttes placées consécutivement sur le porte-objet.

Quand il n'y a eu qu'un petit nombre d'animalcules, il n'y a aussi dans les cases, que peu de figures, d'où l'on peut juger de leur augmentation, ou diminution d'un jour à l'autre.

Les lignes spirales, ondoyantes, circulaires et serpentantes, ponctuées, font voir la marche et le détour de l'animalcule, et en même-tems leur partie antérieure ; on a aussi tâché d'indiquer le mouvement de trépidation de plusieurs d'entr'eux.

Toutes les observations ont été faites avec la lentille N°. 00 ; cependant à cause du peu de place, l'objet est souvent représenté un peu plus petit qu'il n'a été vu.

EXPLICATIONS DES PLANCHES.

PLANCHE XIV.

Infusions de Graines.

A I, *a*, deux *globules* réunis qui tournent ensemble, en spirale, avec beaucoup de vîtesse.

b, petits globules joints ensemble, se roulant pêle-mêle, *chaos.*

c, *flamme* fort promptes. Tous ces animalcules donnent en nageant différentes figures à leur corps, et en meuvent la partie postérieure pointue et toujours obscure, comme le goujon nageant meut la queue; mais beaucoup plus vîte.

dd, *cylindre*, dont quelques-uns décrivent, dans leur marche une ligne ondoyante, d'autres oscillent sans changer de place, comme le balancier d'une montre.

1, 2, 3, 4, l'animalcule est tout-à-fait transparent; mais il a un point obscur à l'une de ses extrémités; il prend en avançant la forme 2, de deux globules unis par un fil roide, dont l'un est ovale, et l'autre rond; il devient ensuite l'animalcule longuet 3, et finit par prendre la forme 4, de deux globules réunis par un fil.

II, les deux grosses balles sont dans un repos entier; mais le peu de petits globules, et les animalcules longuets et sombres, qui sont plus nombreux, nagent avec beaucoup de vîtesse et de vivacité.

III, le *jeu de nature*, *a*, amas d'animalcules longuets, qui d'abord se meuvent de côté et d'autre en compagnie, et lentement, se rassemblent ensuite en *b*, pour ne plus former qu'un corps, se partageant de nouveau en globules *c*, qui tiennent l'un à l'autre, et sous cette forme, devenant tantôt transparens comme du verre,

tantôt obscurs, tantôt nageant à la surface du fluide, tantôt s'y re-
plongeant, et devenant plus méconnoissables. Les deux grosses bulles
simples, de même que les plus petites, semblent, en se roulant sans
sortir de place, se donner de tems en tems une petite secousse pour
se procurer du dehors ce mouvement lent, souvent à peine sensible; mais les *petits traits* se meuvent avec bien plus de vîtesse.
La fermentation étoit parvenue au plus haut point dans cette infusion.

B I, *a*, amas de globules qui se roulent pêle-mêle.

III, *a*, animalcule informe, vif en mouvement de trépidation;
c'est le *trembleur*, *b*, deux globules roulant l'un autour de l'autre,
et dont la route s'entre-coupe.

C II, deux globules allant de *a*, en *b*, où ils se réunirent en un,
qui offroit trois parties à la vue. L'animalcule *c* traînoit après lui
quelque chose que l'on ne pouvoit pas distinguer, et on ne voyoit
comment il y tenoit.

III, *a*, encore un amas de globules, qui roulent pêle-mêle, et
sont réunis.

D II, *a*, *trembleur*, comme celui de B III, *a*, animalcule
très-informe, que l'on n'auroit pas reconnu pour un animalcule,
sans ses tournoiemens prompts en spirale.

E III, petit morceau de la pellicule visqueuse de l'infusion, avec
un grand nombre d'animalcules vifs.

F III, *serpent*, qui se meut avec lenteur.

G II, fourmillières de points, et de très-petits animalcules.

Le 22.ᵉ jour, on ne peut plus appercevoir de vie dans trois
gouttes observées consécutivement.

(184)

PLANCHE XV.

Infusions de Grains.

A I, deux petits animalcules obscurs, dont l'un prit la forme globuleuse, et devint alors transparent comme une bulle d'eau.

III, *a*, autre *chaos*, qui se roule, et formé de *globules* méconnoissables, réunis.

B II, gros globule informe, sous quatre aspects, et plusieurs globules plus petits qui se meuvent continuellement d'un endroit à l'autre.

C III, gros animalcule longuet, qui se raccourcit en chemin faisant.

E II, deux *pendeloques*, qui traversent tout le champ de la vue en se jouant ensemble.

G II, un de ces animalcules qui s'est jeté d'un autre côté en nageant, et sur lequel on voit une vésicule claire, à la partie postérieure : la lentille fut ici cassée par un accident.

III, les animalcules diminuèrent jusqu'au 10 du mois, qu'il n'en parut plus, et l'infusion prit la consistance du miel. J'y versai de l'eau fraîche, et le lendemain tout étoit animé de nouveau par des petits *ovales*, et il s'y trouvoit aussi des cristaux de la forme de ceux de la *Pl. XXXI*, *fig.* 25.

I.

Du 8 au 10 Juillet, point d'animalcules.

Le 11 ditto, point de vie.

I I.

Le 8, des *ovales* longuets assez gros.

Le 9, encore quelques gros et petits animalcules.

Du

Du 10 au 16, plusieurs gros, et peu de petits animalcules, parmi quelques *ovales.*

Le 17, quelques gros animalcules, si foibles, qu'ils étoient ballotés par l'eau, ce qui les faisoit se contracter.

Les 18 et 19, point de vie; on y versa de l'eau fraîche.

Le 20 , tout étoit plein de vie, et animé par des *ovales* et des *cylindres.*

Du 21 au 23 , les animalcules avoient disparu de nouveau , et on n'y appercevoit plus aucune trace de vie.

P L A N C H E X V I.

Infusions de Bled de Turquie.

A II , métamorphose d'un *informe* en ovale.

III , *a*, semblable métamorphose de trois globules réunis, en un *ovale* longuet.

b, deux *globules*, qui roulent, s'étant réunis.

B II, deux globules qui vont de compagnie, et deviennent obscurs quand ils se touchent ; ils demeurèrent en *a* , et ne se mouvoient que lentement sur leur axe ; alors paroissoient sur eux deux petits points noirs , qui changeoient de place.

III , *a* , deux de ces animalcules , dont l'un quitte l'autre en *b* , et paroît s'esquiver.

C I, la même apparence , avec la seule différence que les animalcules ne se séparent point ici entièrement; celui qui s'éloignoit rejoignant toujours l'autre , après ne s'être que peu éloigné. Tout cela se faisoit avec la plus grande vitesse.

II, cinq globules qui roulent avec lenteur, se réunissent enfin en un corps *a*, informe , mais animé.

A a

b, animalcule qui change de forme en se roulant.

III, le petit *globule* entraînoit avec lui la grosse bulle, qui ne donnoit aucun signe de vie.

E III, *a*, flacon qui se tourne par un mouvement de trépidation, sans changer de place.

F III, quelques-uns de la veille, ou plutôt presque de vraies *flammes*, qui rament par leur mouvement de trépidation.

I.

Les 8, 9 et 10 de Juillet, les *globules* augmentèrent.

Le 11 du même, *globules* un peu plus gros, mais en moindre nombre.

Du 12 au 15, peu des précédens, mais plus grand nombre d'*ovales*.

Le 16, beaucoup d'*ovales* et de *cylindres*, point de *globules*.

Le 17, comme hier, et des fils mouvans.

Les 18, 19 et 20, *cylindres* morts, point de *globules* de nouveau.

Le 21, plusieurs des gros animalcules ordinaires, formés à demi, et tout-à-fait formés, des *globules*, des *ovales* et des *points*.

Les 22 et 24, point de vie.

Le 25, encore comme le 21.

Du 26 au 28, les animalcules petits et gros, ont diminué davantage, jusqu'à ce que le 30, il ne parut plus de vie, l'infusion étant devenue trop épaisse.

I I.

Le 8 de Juillet, quelques globules doubles et triples, par leur réunion.

Le 9, comme la veille.

Le 10, quelques petits globules.

Du 11 au 19 , quelques *ovales* et *cylindres*.

Le 20, point de vie.

I I I.

Le 8 et le 9 , comme le 7 du même mois.

Le 10, un peu d'*ovales*.

Les 11 et 12 , les mêmes , un peu plus gros , et en plus grand nombre.

Le 13 , une fourmillière d'*ovales*.

Le 14 , ils ont diminué.

Le 15 , comme le 13.

Le 16, comme hier, et des *petits traits* d'un mouvement foible, comme *Pl. XIV*.

A III, le 17 , un gros animalcule , parmi plusieurs petits.

Le 18 , forte augmentation des gros animalcules , fort agiles , avec un globule blanc à la partie postérieure du corps , comme *Pl. XV* , G II.

Le 20 , toutes grosses *pendeloques* , point de petits animalcules.

Le 21 , point de vie ; on versa de l'eau fraîche, à cause de l'épaississement de l'infusion.

Le 22, plusieurs gros animalcules , et une fourmillière de petits.

Le 25, les gros et les petits ont diminué en nombre , jusqu'au 26 , que tout étoit disparu.

P L A N C H E   X V I I.

Infusions d'Orge.

B II, parties indiscernibles , se roulant profondément dans l'eau, *chaos*.

B III, les mêmes qui, en *a* , forment un animalcule en se rassemblant ; mais se séparent de nouveau en *b*.

A a 2

C II, *a*, gros *serpent*, agile.

III, *a*, particules animées, qui se métamorphosèrent en globules, en *b*.

D I, *a*, trois globules réunis, qui se changèrent de même en un seul.

D II, même changement de *a*, en *b*.

c, deux animalcules qui se jouent, l'un tournant autour de l'autre.

D III, *a*, *b*, deux animalcules réunis d'une manière inconnue, qui, sans changer de place, oscillent comme un balancier de montre, *comètes*.

c, cinq différens changemens d'autant de globules réunis.

E II, *a*, animalcule qui tourne avec vîtesse autour d'un morceau de la pellicule visqueuse.

F II, l'animalcule *a*, change sa forme par un mouvement de trépidation, en se portant en *b*.

G I, les *ovales* et les *globules*, qui se sont ainsi réunis, ont un mouvement fort vif et prompt.

G I, parties immobiles par elles-mêmes, qui sont poussées directement, ou circulairement, par un mouvement extérieur.

I.

Le 22 de Juin, point de vie.

II, la continuation de cette observation fut empêchée par un accident.

P L A N C H E X V I I I.

Infusions d'Orge.

A II, *a*, deux *globules*, qui se rencontrent en *b*, et en se jouant ensemble, décrivent, avec vîtesse, un arc de cercle, et se séparent de nouveau en *c*.

B II , *a* , *informe* , qui prend la forme globuleuse, en se roulant.

C III , dans trois différentes gouttes , on ne rencontra plus un seul du petit nombre des gros animalcules de la veille.

D I , *globule* , qui en roulant perd sa couleur sombre.

E I , *a*, *globule*, qui entraîne avec lui quelque chose d'immobile, probablement de la poussière, sans jamais y toucher.

E II , *a*, la même apparence , mais plus remarquable en ce que le globule est plus petit , et l'objet inanimé plus gros que dans l'observation précédente.

E III , deux animacules opaques , qui se meuvent d'un mouvement de trépidation , et dont l'un ne sort pas de place.

G II , fourmillière de petits animalcules dans une pellicule visqueuse. Les animalcules longuets, qu'on voit depuis E jusqu'en G, sous II et III, sont immobiles par eux-mêmes , et ne sont probablement que des débris de grains d'orge.

I.

Du 8 au 15 de Juin , des petits *globules* et *ovales*, d'un mouvement lent.

Du 16 au 18 , point de vie.

Du 19 au 20 , encore quelques globules.

Les 21 et 22 , point de vie.

Du 23 au 25 , assez d'ovales, encore une fois, mais lents.

Le 29 , une fourmillière de ces animalcules.

II.

Du 8 au 14 Juin , tantôt plus, tantôt moins, de petits animalcules lents.

Le 15 , point de vie. L'infusion étoit épaisse et visqueuse ; on l'étendit avec de l'eau fraîche.

Le 16, des petits points.

Le 17, plusieurs grosses *pendeloques*, de l'espèce ordinaire; quelques-unes étoient de forme globuleuse, et se tournoient comme une roue posée horisontalement, tantôt à gauche, tantôt à droite. On voyoit sous la pellicule des petits globules qui rouloient comme des pois dans une vessie enflée qui est mue circulairement avec vîtesse.

Les 18 et 19, à cause de la viscosité, il ne parut que deux animalcules lents ; d'ailleurs, point de mouvement.

Du 20 au 21, point de vie ; ce jour-là on versa de nouveau de l'eau fraîche.

Le 25, une fourmillière de petits *ovales* et *globules*.

Le 26, quelques-uns formés à demi, de l'espèce ordinaire; plusieurs ovales, et d'autres à queue.

I I I.

Le 8 Juin, quelques gros et plusieurs petits animalcules.

Les 9 et 10, quelques gros et plusieurs formés à demi, parmi plusieurs petits.

Le 11, augmentation de gros et de petits.

Le 12, plusieurs gros à demi-formés, et des petits, quelques *ovales* seulement.

Le 14, un seul gros, et un peu de petits ; on versa de l'eau fraîche.

Du 15 au 21, augmentation extraordinaire de gros et de petits; toute la goutte étoit pleine de vie ; on voyoit quelques longs *serpens*, de la grosseur d'une aiguille à tricoter, ramper lentement.

(191)

PLANCHE XIX.

Infusions de Pois.

B III, globules qui roulent pêle-mêle, et qui prirent presque la forme, en nageant, d'un animalcule d'infusions.

C III, le *flacon* transparent, se tournoit, sans avancer avec la partie postérieure de son corps, où l'on voit un globule un peu plus obscur dans le demi-cercle à droite et à gauche.

D I, *a*, un animalcule à queue en apparence, ou *comète*, qui laissa en arrière un globule, en nageant.

b, états par lesquels passent deux *globules*.

D II, animalcule qui poussoit la pellicule visqueuse diversement.

Le 22 Juin, on ne découvroit plus de vie dans aucune des trois infusions.

PLANCHE XX.

Infusions de Pois.

A III, deux *globules* opaques qui vont ensemble et deviennent ensuite transparens.

B II, gros *globule* en repos, autour duquel un plus petit tourne fort vite, *u*, un seul gros animalcule, en trois différentes gouttes.

D I, route de deux globules, dont l'un tourne autour de l'autre, en *a*, auquel il se réunit ensuite, en *b*.

E III, les *pendeloques*, se sont ici passablement multipliées.

F III, *comète*, qui prend la forme de trois *globules* réunis.

G III, grande augmentation de gros animalcules, et le fonds d'une confusion à n'y rien reconnoître.

Le 8 de Juillet, 1, grande fourmillière de *points*.

(192)

Le 9 , la même chose.

Le 8 , II , point de vie , l'infusion étoit fort infecte et visqueuse.

Le même jour , III , plus grande augmentation de gros animalcules, dont quelques-uns avoient le petit point blanc de ceux de la *Pl. XV* , G II , quelques petits *ovales*, aucun point mouvant.

Le 9 , comme hier.

J'ai répété avec cette infusion , les expériences dont je fais mention dans mon dernier ouvrage sur le *règne végétal* , pag. 30 , § 58. , dans laquelle je fis mourir sur-le-champ les animalcules d'une infusion de bled , en y mêlant de celle de chanvre. Les animalcules des infusions actuelles , de pois et de bled , moururent aussi dans un clin-d'œil , dès que je les eus mêlées sur le porte-objet. Mais l'addition de l'infusion d'orge , et de celle de chanvre , ne leur fut , ni mortelle , ni aucunement nuisible.

PLANCHE XXI.

Infusions de Chanvre.

A II , un chaos animé de parties confuses , qui vont avant dans l'eau , et qui changèrent en avançant assez lentement , leur forme ramassée en une oblongue.

B II , *serpenteau* lent.

B III , dans la dernière des trois gouttes , il n'y avoit que ce seul animalcule déjà parfaitement formé , qui tenoit quelque chose approchant du frai.

C III , un gros animalcule avec de ce frai qu'il perdit en chemin faisant.

D I , quatre différentes métamorphoses de *globules* , qui se firent dans les changemens de place , par où ils passèrent. Cinq s'étant

réduits

(193)

réduits à trois , et deux ronds étant devenus oblongs; deux ayant
été changés en trois , et le rond s'étant alongé.

D II , *a* , deux animalcules qui tournent avec vîtesse , l'un autour
de l'autre.

b , la même apparence qu'en A II ; mais un peu plus distincte ,
avec la seule différence , qu'ici c'est la forme oblongue , qui se change
en une ronde.

D III , *a* , *b* , deux globules, dont l'un tourne à droite , et l'autre
à gauche sans sortir de place.

E III , foule d'animalcules tout formés, et à demi-formés , dont le
milieu du corps en est la partie la plus grosse , et d'où ils pous-
sent quelquefois en dehors la partie postérieure , en une pointe
émoussée. On voit à cette partie , dans la plupart des uns et des
autres, un globule blanc , à travers la peau.

F II , *a* , animalcule tournant d'un mouvement de trépidation ,
sans s'écarter du lieu où il est.

G I , *a* , la même apparence , qu'en A II , et D II.

b , cinq globules qui se réduisent en un ovale.

P L A N C H E   X X I I.

Infusions de Chanvre.

A III , *globule* fort agile , et un *ovale* , qui a un globule noir à
la partie postérieure de son corps, qui disparoît tandis qu'il nage.

D II , les cinq globules quittèrent leur place lentement , sans cependant s'en éloigner beaucoup.

E I , les *globules* n'avancent que lentement ; mais les *ovales*
vont beaucoup plus vîte.

B b

E II, plusieurs de ces *globules* restent en place sans remuer, les autres nagent avec vitesse.

F I, le petit globule tourne circulairement autour du gros, qui est immobile de lui-même, sans le toucher.

I.

Le 8 Juillet, des *points* éparpillés.

Le 9, les mêmes, avec quelques *cylindres* et *ovales*.

Le 10, comme hier, et plusieurs animalcules à queue.

Le 11, les animalcules d'hier, qui offroient l'apparence d'une fourmillière.

Le 12, comme hier.

Le 13, point de vie, mais plusieurs cristaux de différentes formes.

Le 14, point de vie.

I I.

Le 8 Juillet, point de vie.

Le 9, une foule d'*ovales*.

Le 10, diminués.

Le 11, peu de vie.

Le 12, une foule de globules très-petits.

Le 13, comme hier.

Le 14, globules lents et un cristal.

Le 15, peu de vie.

Le 16, point du tout, mais un gros cristal.

I I I.

Le 8 Juillet, un peu de petits animalcules.

Le 9, un peu plus, et un cristal informe.

Le 10, comme hier.

Le 11, un seul gros animalcule dans la goutte, un cristal parmi plusieurs autres petits indistincts.

Le 12, point de vie , un cristal.

Le 13 , comme hier.

Les divers cristaux de cette infusion se trouvent *Pl. XXX*, *fig.* 5 et 11.

P L A N C H E XXIII.

Eau de pluie filtrée.

A I , animalcule qui tourne lentement , sans changer de place ; il n'y en avoit que deux semblables dans la goutte. Un petit *globule* se rouloit autour de l'un d'eux , et les petits globules contenus dans le gros y changeoient aussi de place. Enfin le premier devint opaque, plus petit, et perdit tout mouvement.

A II, deux globules qui tournent avec vîtesse en spirale, et dont la route s'entre-coupe comme *Pl. XIV* , B III , *b.*

B I, un seul gros animalcule , qui parcoure le champ de la vue, en se tournant et en se contractant de différentes manières , dans trois gouttes différentes.

C II, *a* , deux globules de compagnie , *b* , deux autres de même qui, après avoir parcouru un court espace, se changent en un seul, qui continue sa route en roulant lentement sur son axe.

C III , un *ovale*, qui après avoir fait différens tours avec lenteur, se change finalement en un globule.

D III, un seul *globule*, tournant lentement sans sortir de place.

Le 19 de Juillet , il n'y avoit plus de vie dans la troisième fiole , malgré que j'eus purgé le filtre de papier gris, de toutes parties étrangères avec de l'eau, et que je l'eus fait sécher avant de m'en servir, pour filtrer mon eau de pluie et en séparer les insectes, qui auroient pu y tomber de l'air; cependant, pour écarter toute incertitude de mes expériences, je les ai répétées avec de l'eau de pluie non filtrée, recueillie en plein air, ét mise dans un vaisseau fermé. En voici le résultat:

Du 2 au 4ᵉ. jour, point de vie.

Le 5, quelques *ovales* et *globules* très-vifs.

Le 6, plusieurs points, et un plus grand nombre des animalcules d'hier.

Le 7, comme la veille, le tout fort animé.

Les 8 et 9, un peu de petits *points*, et quelques-uns opaques, assez gros.

Le 10, une grosse pendeloque ordinaire, point de petites.

Le 11, plusieurs petits animalcules.

Les 12 et 13, deux petits *globules*.

Le 14, quelques *ovales* lents.

Le 15, point de vie.

P L A N C H E XXIII. *b*.

Animalcules voraces d'infusions.

Quand on fait des observations et des recherches sur des choses qui sont aussi peu à notre portée, que celles qui nous occupent ici, il ne faut pas se lasser de chercher les moyens qui peuvent nous mener, avec plus de certitude, d'une découverte à un autre, et lier les expériences avec les résultats que l'on en obtient. Il me paroît que ce procédé devroit être une loi et un devoir pour tout observateur. Du moins il y a long-tems que je me suis fait une règle de ne négliger aucune circonstance qui pût fournir de nouveaux éclaircissemens.

L'affluence des animalcules d'infusions , gros et petits , vers la
pellicule visqueuse , leurs mouvemens , leurs postures et les métamorphoses qu'ils y subissent , me paroissent supposer toujours
deux causes particulières , la faim et la propagation. Je ne vis
aucun espoir de pouvoir me convaincre de la dernière , au milieu
de leur foule étonnante ; mais je crus que si je pouvois réussir à
leur faire prendre quelque nourriture qui colorât leurs intestins ,
je pourrois au moins en assurer , en quelque façon , de la première ; les os des animaux , teints par la garance , dont ils se nour-
rissent , me suggéra cette idée. Je colorai donc de l'eau avec du
carmin , et je le mélai avec une infusion de froment , qui contenoit beaucoup de grosses *pendeloques* et de petits *ovales* , qui y
vivoient depuis quelques mois. Mon attente fut remplie dès le second jour ; et je fus non-seulement convaincu par la couleur rouge
interne de la plupart des animalcules , d'une déglutition effective
de la nourriture , mais j'acquis aussi , en même-tems , plus de
connoissance sur leur intérieur (4). Ce point seroit donc une chose
démontrée : mais ce que sont les globules colorés qu'on leur voit
dans le corps , en est une autre , qui n'est pas aussi aisé à décider.

----

(4) M. Goeze a été assez heureux pour avoir sous les yeux , dans une infusion de foin , une quantité des animalcules d'infusions que M. Muller ,
conseiller d'état , a décrit , et qu'il a nommés *trichoda cimex* , (punaise à
poils) , à cause du poil (soie) dont leur corps est garni dans la partie antérieure et dans la postérieure. D'après ce qu'il dit de leur voracité et de leur
adresse à se saisir des autres animalcules d'infusions , ce sont de véritables
animaux carnaciers, dans le monde microscopique , qu'on pourroit appeler loup
des infusions. *Beschaft der Berlinischen ,* etc. (*Recueil de la société des amis
scrutateurs de la nature de Berlin* , tom. III , pag. 375 , pl. 8 , fig. 2 , 13.)

On ne peut se refuser à l'idée que ce soient des œufs, quand, en examinant bien ces animalcules en repos, ou quand ils ne se meuvent qu'avec lenteur, on voit ces globules non serrés l'un contre l'autre, comme en a et en b, mais séparés par des interstices, comme en c et en d; on les voit, dis-je, environnés d'un anneau clair, comme le sont les œufs de grenouilles. Mais quand on réfléchit que, comme œufs, ils ne peuvent pas prendre de nourriture, et que cependant ils sont colorés, on croit voir un animal dans un autre; mais il y a ici un fait qui est contraire à ces conjectures, c'est celui des globules hors de l'animalcule, que j'ai observé dans l'eau, dans lesquels on ne pouvoit appercevoir le moindre mouvement propre sous la peau de l'animalcule ; ils ne se meuvent aussi que d'une manière insensible et très-lentement. J'en vis cependant, une fois, dans les deux parties d'un de ces animalcules qui s'étoit partagé, rouler avec beaucoup de vîtesse, aussi-tôt après la séparation ; j'ai continué ces observations, tous les jours, au-delà de quatre semaines, et je puis dire qu'aucune de celles que je rapporte dans cet ouvrage, ne m'a coûté autant de tems et de patience, et ne m'a tant fatigué la vue que celles-ci. J'ai eu enfin le bonheur de voir mes souhaits remplis, et d'être convaincu d'avoir vu mettre bas réellement de ces globules, qui sortirent des animalcules c et d, tantôt par leur partie postérieure, tantôt par leurs parties latérales, et dont ils jetoient successivement, tantôt un, tantôt deux et trois, qui tenoient ensemble. Je vis aussi quelquefois des animalcules qui, comme c, traînoient un petit paquet de ces globules, qu'à la fin ils lâchoient. Celui qui seroit curieux de voir un animalcule jeter ses petits, doit, à tout hasard, s'armer de patience, dans l'attente de ce phénomène, qui est si rare, que dans le cours de mes observations multipliées, il ne s'est pas présenté plus de

douze fois. Une seule fois , je vis aussi une *pendeloque* de cette infusion , en repos et tout-à-fait immobile, qui tantôt attiroit à elle ,
tantôt repoussoit une pellicule visqueuse transparente , ou une espèce de frai , qui étoit parsemé de semblables globules rouges , et à
une distance d'elle d'environ 5 à 6 lignes. Chaque fois qu'elle l'attiroit, je remarquois une augmentation des petits points noirs mobiles , qui paroissoient sortir d'entre les animalcules qui étoient
en repos ; les points noirs se roulant lentement autour de ce frai,
l'animalcule fit enfin un mouvement qui l'éloigna avec tant de rapidité , que je le perdis aussi-tôt de vue. Tout cela a assez l'air d'un
résultat de génération.

Je dirigeai ensuite toute mon attention sur les globules rouges,
et je fus comme aveugle pour tout le reste de ce qui se présentoit sous mon microscope. Dès que je remarquois que l'infusion
alloit tarir , j'y mettois de l'eau fraîche, avec toutes les précautions
possibles , pour ne pas écarter les globules que j'avois sous les
yeux , ce que je réitérai souvent jusqu'à quatre fois. Je cherchois
par-là à prolonger ces observations , et à découvrir si les globules
en repos ne se mouvoient point enfin , ou s'ils ne grossissoient
point ; mais je ne vis ni l'un ni l'autre , quoiqu'il semblât quelquefois que les petits points noirs, *t t t*, sortoient de leurs limites ; ce
qui rend cette observation si incertaine et si difficile , quoique je
m'y servisse toujours de ma plus forte lentille , c'est la petitesse
extraordinaire de l'objet ; et quand il est hors de l'animalcule, l'obscurité de la couleur a ce grossissement.

Quoique les doutes qu'on a élevés contre l'animalité de ces globules , et que ceux dont les œufs sont susceptibles , soient presque
de la même force, il faut que je l'avoue , que , si ce ne sont pas

les excrémens des animalcules , ce qui aussi souffre bien des difficultés , je ne sais plus qu'en dire.

Il y avoit aussi dans cette infusion, des animalcules que j'ai déjà
vus dans plusieurs autres , et particulièrement dans une infusion
de poussière de nielle , dont je parle plus au long dans mes *Dé-*
couvertes microscopiques , Pl. XXII , qui tantôt alloient en avant
par l'extrémité large de leur corps , comme l'indiquent les points
aux animalcules *a* et *b* , et mouvoient alors leur extrémité étroite,
comme la carpe remue sa queue ; mais avec beaucoup plus de vîtesse ; tantôt de leur partie postérieure, ils en faisoient l'antérieure,
avec une égale vîtesse , conservant cependant leur forme , et traversant ainsi le fluide avec la plus grande rapidité. Quoique je n'aie
point apperçu cela dans les *pendeloques* , telles que *o* et *d* , elles
sont cependant aussi de cette espèce ; mais les gros animalcules ,
comme les ovales, *e* , *f*, garnis de bulles, m'offrirent une scène tout-
à-fait nouvelle , quand je les vis un jour, dans cette infusion, sans
m'y être attendu, n'en ayant jamais vu auparavant. L'idée me vint
qu'ils pouvoient venir de l'eau qui ne reposoit cependant que depuis 36 heures tout au plus, et que j'ai toujours dans une tasse à
thé , à côté de mon microscope, pour éclaircir les infusions trop
épaisses , sur le porte-objet , comme il m'est arrivé à celle-ci. J'en
trouvai d'abord une grande quantité dans la première goutte de
cette eau (5) ; pour savoir si elles ne tâteroient point de l'eau colorée, j'en versai un peu de la tasse à thé , dans l'infusion ; mais je
les vis bien pendant 15 jours de suite, toujours aussi blancs et aussi

---

(5) C'est un avis de ne pas négliger d'examiner , chaque fois , l'eau qu'on
destine à cet usage.

transparens

transparens que la première fois, et même quelques-uns comme g, plus minces et sans aucune bulle. En général, j'ai toujours remarqué que tous les animalcules qui ne contiennent pas de globules , ne prennent jamais aucune couleur. Il faut que je dise encore que hh, sont deux pendeloques qui avoient déjà mis bas leurs globules pour la plupart, et que je les représente telles qu'elles sont souvent, quand elles contractent , et qu'elles replient leur peau. Les deux animalcules c, d , présentent à la vue une chose qui mérite encore plus d'être remarquée ; à leur extrémité étroite i, k , par où ils se tiennent toujours à la pellicule visqueuse, on voit une entaille qui , tant par sa situation , que par sa forme , ressemble si fort à une bouche , comme j'en ai déjà hasardé la conjecture, §. 97 , que je crois véritablement que c'en est une. Mais comme cette entaille ne peut être vue que quand elle s'ouvre, et qu'on ne la voit que dans très-peu d'animalcules, pendant quelques instans, je range cette découverte au nombre des choses les plus rares que j'aie vues. Je n'en aurois encore rien dit, ainsi que je l'avois fait jusqu'ici, si ces animalcules ne m'avoient fait le plaisir d'ouvrir leur bouche plus large, pendant un mouvement un peu lent, que n'avoient fait ceux que j'avois vus auparavant, et n'avoient ainsi dissipé tous mes doutes.

Le nombre de mes animalcules ayant augmenté d'une manière étonnante, dans l'infusion colorée, tandis qu'au contraire ils diminuoient dans la même proportion , dans l'infusion non colorée de froment, ou infusion mère , j'y vis enfin l'animalcule l, en forme de cloche à la fin de Mars ; il se portoit de tous côtés , mais sans vîtesse : je ne pus pour cette fois-là en trouver plus de deux dans la goutte ; mais le lendemain je trouvai qu'ils avoient beaucoup augmenté. J'en vis aussi un parmi eux , qui avoit sur le corps une tache rouge assez grande, et un animalcule rond à l'extrémité qui

C c

finissoit en pointe , que je représente en *m*. La partie antérieure ,
comme si c'en fut la bouche , se dilatoit, se contractoit, et tout ce
qui étoit dans les environs , en étoit attiré circulairement de deux
côtés. Souvent aussi ils changeoient leur forme, en se contractant,
le corps prenant alors une forme ovale *n*, et la partie antérieure,
ou la bouche, débordoit par-dessous comme un limaçon qui commence à sortir de sa coquille. Ces animalcules reparoîtront encore
dans les observations suivantes, où je renvoie ce que j'ai encore à
en dire.

Ayant cessé de rafraîchir l'infusion avec de l'eau , pour n'en point
affoiblir la couleur , au bout de trois mois toutes les *pendeloques*
étoient enfin disparues , tout y fourmilloit, au contraire, d'une nouvelle sorte d'animalcule , 6, *p*, beaucoup plus petits, dont la partie
antérieure étoit alternativement ronde et pointue, par l'effet d'un
globule blanc, sortant et rentrant; souvent elle se partageoit aussi
en deux pointes, comme en 6, dont l'une étoit un peu plus longue
que l'autre, presque comme l'animalcule mère de M. Goeze. Ils se
rouloient souvent d'un côté à l'autre, en avançant avec vîtesse, leur
forme devenant alors presque sphérique ; mais la pointe antérieure
reparoissoit aussi-tôt. Plus d'une fois j'aurois parié tout ce qu'on
auroit voulu, que les globules blancs, qui paroissoient toujours à la
partie pointue, en étoient comme jetés au dehors, et qu'il leur en
succédoit de nouveaux.

J'ai encore à dire des *fig.* 1 , 2 , 3 , qu'elles représentent des animalcules tels que je les ai vus morts ; et après l'évaporation de l'eau,
les globules y paroissent serrés l'un contre l'autre et de forme
ovale ; ce qui n'arrive cependant pas toujours, parce que pour la
plupart, ils restent sous la peau sans changer. J'ajouterai, en finis-
sant, que les *fig.* depuis *a*, jusqu'à *k*, et 1 , 2 , 3, 6, *p*, de même que

tous les petits animalcules et globules, ont été dessinés d'après la lentille N°. oo ; *l*, *m* , *n* , l'ont été depuis le N°. 2.

PLANCHES XXIV, XXV.

Elles s'expliquent d'elles-mêmes.

PLANCHE XXVI.

Infusions de Chenevis , d'Avoine , de Gramen et de Bled.

Les animalcules oblongs *a a a*, parurent le 8ᵉ. jour pour la première fois, dans l'infusion de chenevis. Ils ne se sont mus que lentement, sans s'éloigner beaucoup ; et ils se sont souvent contractés sur leur longueur et raccourcis. On y voyoit , la plupart du tems, deux globules comme encadrés , quelques-uns des animalcules oblongs étoient immobiles. On voyoit un mouvement de petits globules dans les bulles rondes *b* , qui se mouvoient aussi, mais ordinairement sans changer de place ; elles devinrent oblongues, pointues dans un endroit, et quelquefois aussi plus petites. Quelques-unes étoient accompagnées d'un petit globule *c* , comme les planètes le sont de leurs satellites. On auroit dit aussi que le globule vouloit comme se fourrer dans la boule, ce qui n'arrivoit cependant pas. Les petits points avoient un mouvement fort, et, à en juger par le coup-d'œil , quelques-uns étoient quelquefois poussés à la longueur de 3 à 4 lignes. Je vis aussi un des animalcules oblongs, passer sur une des bulles rondes animées, qui en fut comme écrasée, et se plongea si avant dans l'eau, qu'à peine je pouvois encore la voir ; mais elle remonta aussi-tôt que l'animalcule oblong l'eut abandonnée. Tout cela se passa dans 6 à 8 secondes , et avoit l'air d'une fécondation.

C c 2

Le 9, on auroit cru que tout étoit devenu plus petit, comme dans la *fig. a*, et je ne vis que quelques bulles, *a*, *b*, qui renfermoient des petits globules assez semblables aux globules du sang, au milieu d'elles. Je m'apperçus qu'il se détachoit de la pellicule visqueuse *c*, quelque chose qui avoit la forme d'un ver *d*, qui d'abord paroissoit fort obscur; mais pendant qu'il se rouloit, je vis qu'il étoit composé de six petits globules *e*, qui alors parurent clairs; il avançoit un peu en se roulant, et en général son mouvement étoit fort lent, mais un autre phénomène attira mon attention. Je vis en *f*, deux animalcules se mouvant lentement, qui tenoient ensemble par leur côté étroit, où un globule rond sembloit les unir. Après avoir d'abord formé, par leur position, un angle fort ouvert, ils furent ensuite placés en ligne droite, et parurent finir par se confondre, et ne plus former qu'un animalcule *h*. Il paroît que M. de Saussure a vu quelque chose d'approchant, quand il a cru voir le contraire, savoir, une séparation de deux animalcules, qui fut aidée par une troisième. Deux autres *i*, m'offrirent presque le même spectacle; après avoir aussi d'abord tenu ensemble, ils finirent par ne former qu'un seul animalcule, etc.; tout cela se fit tandis qu'ils avançoient avec lenteur. Il ne parut point tant de petits points mobiles que la veille ; mais aussi la force du mouvement intérieur étoit plus visible dans les plus gros ; et quoique je plaçasse mon microscope de manière à les forcer de monter, ils étoient poussés fort rapidement entre les animalcules *l l*, où j'apperçus aussi une bulle *a*, qui ne donnant aucun signe de vie par elle-même, étoit portée d'une secousse de *a* en *b*, où elle restoit de nouveau : la goutte s'évapora en 15 minutes, ce qui mit fin à l'observation. Les animalcules se dissipèrent en peu de jours. Ces observations ont été faites en hiver.

(205)

Ayant remarqué à différentes fois en été, que quand je mêlois
la partie claire et aqueuse de l'infusion de chenevis avec celle de
pois, dans le tems que les animalcules de l'une et de l'autre, avoient
atteint leur grosseur ordinaire, leur nombre croissoit beaucoup en
peu de tems, sans cependant changer notablement de forme dans
la suite. Je réitérai une fois, en Décembre, cette expérience avec
ces deux infusions, dont celle de chenevis étoit la même sur laquelle je fis les observations précédentes. Le 3ᵉ. jour, je vis dans
ce mélange, des petites *flammes*, *fig.* 3, fort vives, qui sillonnoient
le fluide, par des lignes tortueuses, remuant à-peu-près comme la
carpe remue sa queue, leur partie postérieure pointue. Ces animalcules n'acquirent plus de grosseur, et vécurent encore quelques
semaines, au lieu que dans les deux infusions de chenevis et de pois,
avant le mélange, toute vie étoit déjà disparue après les premières
observations. Ainsi ces animalcules ont repris naissance après le
mélange.

Fig. 4, *a*, on y voit des *globules à branche*, d'un mouvement
fort prompt, mais plus sautillans qu'uniforme ; souvent on diroit
qu'ils n'ont qu'une tête *b*, une autrefois qu'une tête se détache et
se coule vers l'autre le long d'un tuyau *c*, qui l'enfile ; tout cela se
fait avec tant de rapidité, qu'il est presqu'impossible de le suivre
de l'œil. Quelques-uns d'eux prennent de tems en tems la forme
d'un fer à cheval *d* (5), et demeurent ainsi en repos pendant quelques
tems. Quand le fluide s'évapore, le corps se dilate davantage, et
devient transparent, et l'on s'apperçoit alors qu'il consiste en un
tuyau creux *a*. Ces animalcules n'avoient encore jamais paru à mes

____

(5) Il ne parut que deux de ces animalcules dans toutes les observations
précédentes, *Pl. XVII*, B I, *d* et D II, *d*.

yeux. Je les ai découverts deux fois dans le même tems, à Erlang, au mois de Mars, dans une infusion d'avoine, et ensuite dans une de gramen (6). La différence des deux infusions confirme la conjecture, qu'ils ne doivent leur origine, ni à l'avoine, ni au gramen. La moitié inférieure de cette 4e. *fig.*, présente quelques observations non moins remarquables, faites dans le même tems.

J'apperçus dans une infusion de bled de 24 heures, différens animalcules d'infusions dans la même goutte; 1, trois petits *globules* réunis, roulant ensemble; 2, des animalcules en forme de callebasse fort transparens; 3, d'autres dont le corps avoit la forme de limaçon, mais qui s'ouvroit tout d'un coup, avec la force et la rapidité d'un ressort de montre qui se détend, bondissant en *h*, et de-là en *g*, sous les métamorphoses qu'on y voit, reprenant ensuite sa première forme, et préparant la même scène; 4, gros points assez nombreux dans cette infusion; mais je les vis passer d'un endroit à l'autre, comme l'araignée aquatique. Tout cela me fut aussi entièrement nouveau.

Fig. 5, autres sortes d'animalcules, d'une infusion d'avoine, qui ont été aussi observées dans le même tems que les précédens. Je les découvris, au bout de 36 heures, à-peu-près en *a*; ils étoient transparens, et l'on auroit dit que leur corps étoit formé de deux parties,

---

(6) Je fis voir à feu M. le professeur Muller, ces animalcules; il n'avoit encore jamais vu un animalcule d'infusions, comme il me le dit lui-même; si j'avois pu aussi alors lui en montrer de gros, qui ne voulurent point paroître, peut-être auroit-il été convaincu d'avoir vu, non des *corpuscules*, mais des animalcules réels. Je pourrois donner une longue liste de ces incrédules, que j'ai convertis par ces plus gros animalcules, si cela pouvoit être de quelque utilité.

dont l'antérieure étoit la plus grosse, et la postérieure la moindre.
D'autres étoient opaques, et traînoient des petits globules *b* après
eux, par un fil fort court, et dans d'autres encore ce fil étoit
alongé et courbe *c*. Je m'apperçus enfin, que ce globule noir étoit
réellement, ce que je l'avois d'abord cru, un petit animalcule d'infusion nouvellement né, le vieux *d*, avoit disparu, après que le fil
s'étoit alongé, tandis qu'il nageoit. On voit encore en *a*, quelques
parties bulleuses de cette infusion ; je crus y voir clairement le passage des globules et des points, d'un endroit à l'autre, et je les
aurois pris certainement pour les animalcules mères d'infusions de
M. Goeze, si les animalcules que je viens de décrire, n'avoient
point déjà paru, ou s'il en étoit paru encore d'autres après, ce qui
n'arriva point ; mais ils disparurent tous au bout d'environ 15 jours,
sans que pendant ce tems, ni ceux-là, ni les autres sortes décrites
dans les observations précédentes, aient absolument rien acquis en
grosseur.

PLANCHE XXVII.

Quelques remarques singulières sur les animalcules d'infusions.

Fig. 1, *pendeloque*, dont la partie antérieure de la peau se
recoquille sur la postérieure, tandis qu'elle parcoure le fluide, mais
reprenant ensuite sa forme ordinaire ; je n'ai vu, dans toutes mes
observations, qu'une seule fois ce recoquillement sur trois différens animalcules, dans une même goutte, d'une infusion d'orge. Il
semble que c'est le premier mouvement du développement entier
de la suite de ceux que fait le corps, dans l'ordre et de la manière que je le représente *fig.* 10.

Fig. 2, animalcule d'une infusion de pois, qui commençant à s'affoiblir, éleva le milieu de son corps en forme d'un bouclier, sur

lequel on voyoit cinq enfoncemens noirs, comme autant de points qui changeoient plusieurs fois de place , tandis que l'animalcule parcouroit un grand cercle , en nageant dans le fluide , comme s'il en avoit été poussé , quoiqu'on ne put pas douter , qu'il n'y eut son mouvement propre que l'on remarquoit dans l'intérieur de son corps.

Fig. 3 , mouvemens de tous les animalcules d'infusions de cette sorte , fort prompts , souvent répétés dans la même place , et toujours sur la partie convexe du corps.

Fig. 4 , mouvemens particuliers d'un animalcule d'une infusion de pois , que je n'ai vus que deux fois ; il se jetoit de cette manière avec rapidité d'un autre côté , et après de fréquentes répétitions de ces manèges , il reprenoit sa forme plate ordinaire.

Fig. 5 , amas d'animalcules d'infusions sous une pellicule visqueuse , où il en est représenté un en *a* , en repos contracté , et paroissant se nourrir de la pellicule.

Fig. 6 , animalcule d'infusions , représenté de profil , pour faire voir la forme propre de la plupart des animalcules bien formés des infusions de graines. On le voit formé de deux faces réunies par une bordure , qui donne au tout la forme d'une boite plate , ou d'un gâteau , à quoi le compare M. Spallanzani.

Fig. 7 , animalcule semblable d'une infusion de chenevis. On lui voyoit sous la peau une élévation considérable , et d'autres moindres , semblables à des globules , qui se meuvent de différens côtés.

Fig. 8 , animalcule d'infusions , qui se contracte pour passer entre deux particules visqueuses.

Fig. 9 , contraction et changement de forme , qui offre souvent l'animalcule de l'infusion de pois , et qu'il exécute dans sa marche.

Fig. 10 , elle est très-singulière ; elle ne se présente pas fort souvent ; je l'ai cependant vu à différentes fois. L'animalcule qui est

d'une

d'une infusion de pois, se tient tout-à-coup en repos, se dresse en haut, en se contractant un peu en *vis*, passant de a en b, comme un cône, jusqu'en c, il raccourcit le cône en d, qu'il retire enfin tout-à-fait d'en bas, pour lui donner la forme e, qu'il fait ressortir aussi-tôt, et se porter en f, d'où il se rebaisse en g, avec la même vîtesse; dans cette suite de mouvemens fort rapides, l'animalcule se porte aussi-tôt de droite à gauche, tantôt de gauche à droite, les réitérant souvent jusqu'à dix fois de suite et plus, et dans la même place, continuant ensuite sa route plus loin. Ces sortes de mouvemens me paroissent s'accorder avec plusieurs de ceux des polypes, et donner assez de force aux idées et aux conjectures que j'ai proposées à la fin de la deuxième section.

Fig. 11 et 12, animalcule d'une infusion de semence de foin, dont quelques-uns en traversant le foyer de la lentille, changeoient la partie antérieure de leur corps, de manière qu'on en voyoit la surface de dessous; et l'animalcule prenant la forme d'une feuille recoquillée à demi, faisoit voir qu'il n'avoit point de pied, d'autres donnoient une forme tubulée à leur partie antérieure, en la resserrant et prenoient, par là, la forme d'une bourse, *fig.* 13 et 14.

Fig. 15, animalcule d'une infusion de pois, qui consistoit en deux globules plus plats que convexes, et presque circulaires. Les deux parties étoient poussées l'une sur l'autre, de manière qu'il sembloit quelquefois que c'étoient deux *globules* joints ensemble, et aussitôt après, que ce n'en étoit plus qu'un. Alors d'un globule, en un clin-d'œil, il s'en refaisoit un autre.

Fig. 16, ici le déplacement respectif des globules étoit poussé si loin, que je croyois bien certainement que leur séparation entière s'ensuivroit. J'attendis au moins 5 à 6 minutes, sans voir rien autre chose, que les deux mouvemens que je viens de décrire.

D d

(210)

Fig. 17, enfin tous ces changemens de figures se réduisirent à celle-ci, le double contour qui distinguoit auparavant les deux globules s'étant évanoui et réduit en un, d'où il résulta un seul animalcule, qui reparut après cela de nouveau sous sa forme double qu'il reperdit encore, et recouvra différentes fois, jusqu'à ce que l'évaporation de la goutte mit fin à toutes ces métamorphoses.

Fig. 18, pendant les observations dont il est question dans la *Pl. XXIX*, je vis deux animalcules de cette forme, dans de l'eau de neige, qui étoit dans une chambre chaude ; je remarquai que l'étranglement augmentoit de plus en plus.

Fig. 19, comme dans les globules qui viennent d'être décrits, les deux parties prenoient aussi l'une sur l'autre ; enfin,

Fig. 20, elles se séparèrent, à un petit fil près, presqu'invisible, qui les unissoit encore, et la séparation effective suivit aussi-tôt. Tout cela se passa tandis que l'animalcule parcouroit le fluide avec assez de vitesse. J'ai eu enfin le bonheur de voir ici s'effectuer la séparation que j'attendois depuis long-tems, après avoir observé pendant plusieurs années des millions d'animalcules d'infusions. Et quoique je ne doute plus maintenant que les animalcules précédens, aussi-bien que ceux de la planche suivante, *fig.* 7, *c*, *fig.* 11 et *fig.* 14, ne se fussent aussi partagés en prolongeant les observations qui ont été interrompues par l'évaporation de l'eau, il est toujours vrai de dire, que cette espèce de propagation est la plus rare.

PLANCHE XXVIII.

Fig. 1, animalcules d'eau de fontaine (ou de puits) qui ressemblent fort à ceux de la *Pl. XXVI*, *fig.* 4, 2 et *fig.* 5, *a*.

a, métamorphose d'un *globule* en *ovale*.

Fig. 2, gros animalcule de la même eau.

Fig. 3, tuyaux de la même eau, mêlée d'un peu de terre.

Fig. 4, gros animalcule d'eau de rivière.

Fig. 5, un peu moindre, de la même eau.

Fig. 6, animalcules d'eau de fontaine (ou de puits), mêlée d'un peu de terre.

b, le corps de l'animalcule autrement tourné , pendant qu'il se porte d'un côté à l'autre, comme celui d'eau de pluie, *Pl. XXIII.*

Fig. 7, animalcules fort vifs, d'une infusion d'œufs de grenouilles, *a*, vivans, *b*, morts.

c, animalcules sur le point de se partager , se mouvant avec vîtesse en ligne droite.

Fig. 8, animalcules d'une infusion de pois, qui se sont accouplés.

Fig. 9 , les mêmes, accolés l'un à l'autre, et décrivant un cercle , en parcourant lentement le fluide ensemble.

Fig. 10, quatre différens, animalcules vivans en même-tems dans une infusion de chair de bouc.

Fig. 11 et 12 , animalcules dont plusieurs se voient dans une goutte d'une infusion , composée de celle de bled , du 30 Juin, N°. I, et d'une de chair de veau.

Fig. 13 , un des animalcules qu'on découvre de tems en tems, nageant d'un air mou et foible , renversés sens dessus dessous , allant lentement et en vacillant , jusqu'à ce qu'enfin ils demeurent sur la place, comme s'ils étoient morts.

Fig. 14 , un des animalcules agités de l'infusion de chair de bouc, *fig.* 10 , qui sont ici de forme presque ronde, et plus gros, avec un autre qui paroît double , dont la marche est directe , et qui probablement veut se partager.

D d 2

Fig. 15 , deux différens animalcules , de l'infusion de chair de bouc et d'orge.

Fig. 16, le plus gros animalcule que j'aie vu jusqu'ici dans une infusion de pois.

Fig. 17, animalcules du sperme de mulet, conservé pendant plus de trois mois , dans une fiole bien bouchée.

1 , un de ces animalcules, tel qu'il a été vu le 11 d'Août, avec la lentille N°. oo, d'un mouvement lent.

2, 3, tels qu'ils parurent le lendemain, après avoir versé sur le sperme, un peu d'une infusion sans vie de chair de veau , et un peu d'eau de rivière.

4, les mêmes animalcules, qui après avoir étendu davantage l'infusion , en y ajoutant encore de l'eau, sur le porte-objet, prirent tout d'un coup la forme globuleuse, et reprirent leur première forme, peu de tems après.

Fig. 18, différentes métamorphoses de deux *globules* , dont la description se trouve sous la lettre S, dans les observations mêlées ci-après.

Fig. 19, un gros *ovale* , d'une infusion de poussière de nielle, qui en contenoit un grand nombre, que j'avois coloré avec du carmin pour les en nourrir, *d*, est une pellicule qui est dressée , mais qui ne devient visible, et seulement avec la plus forte lentille, que quand l'eau commence à manquer à l'animalcule, auquel on voit alors un mouvement viperin. Je vis la première fois ce membre singulier, à un animalcule de cette sorte, l'*ovale* encore plus gros du ver de terre, dont l'observation se trouve dans mes découvertes microscopiques.

PLANCHE XXIX.

Le jour le plus froid de Janvier, je fis fondre de la neige dans un vase de bois, pour faire des expériences chymiques avec son eau; le reste en fut mêlé avec de l'eau de fontaine (ou de puits), et demeura 15 jours dans un endroit chaud, jusqu'à ce que son odeur annonçât qu'elle étoit corrompue; j'examinai cette eau, et j'y vis un monde d'animalcules ; il s'en trouvoit un parmi eux, d'une grosseur extraordinaire , et si agile , qu'il traversoit le champ de la vue en un clin-d'œil. Ainsi je ne pus connoître sa vraie forme, que quand le contour de la goutte diminua ainsi que l'eau. Mon animalcule étant alors obligé de se tenir dans le point de vue , je voyois ici un être entièrement nouveau, dont la grosseur ne me permettoit pas de le dessiner d'après ma plus forte lentille; sa couleur,

Fig. 1 , étoit d'un jaune pâle, la peau parsemée de points noirs, et transparente comme le verre, se replioit à chaque tour que faisoit l'animalcule d'un côté à l'autre. En général, le tout ressembloit à un sac vuide; il avoit seulement, au côté, quelque chose en relief, qui ressembloit à une bulle, qui ne changeoit jamais de place ; il commença enfin à tourner circulairement, ce qui est toujours l'annonce de l'évaporation totale de l'eau, ce qui arriva ; et l'animalcule ayant tout-à-fait perdu sa couleur jaune, et la peau, sans les points, étant devenue méconnoissable , prit une forme ovale.

Fig. 2 , je vis ici , encore une fois , quelque chose entièrement nouveau et inattendu : la bulle *a* fut attirée et repoussée plus de dix fois de suite; seroit-ce bien le cœur de l'animalcule ? je ne saurois en rien dire ; j'ai vu cet animalcule trois jours de suite, mais jamais plus d'un , dans 7 à 8 gouttes ; ils étoient entièrement disparus ensuite. Le grand nombre de petits *ovales*, parmi lesquels il y en avoit de plus gros, avoient la forme de la

Fig. 3, et la plupart de fort grosses bulles, à la partie postérieure de leur corps. Je ne leur vis rien de particulièrement remarquable, que la vitesse de leur marche. Mais j'en vis parmi eux une autre sorte qui ressembloit aux sang-sues, qui faisoient avec leur corps des mouvemens qui m'étoient nouveaux ; non-seulement ils alloient en avant, toujours sur la même ligne, mais ils la parcouroient de nouveau toute entière ; en retournant ils y mettoient beaucoup de vivacité, et tantôt ils se renversoient sur la tête, tantôt sur leur partie postérieure, dressés comme une quille, se jetant ensuite de l'autre côté. Ces animalcules sont représentés par les

Fig. 4, 5, 6, dont le cinquième, qui étoit le plus gros, étoit probablement aussi le plus vieux et entièrement formé. Je versai un peu de l'eau, dans laquelle vivoient depuis plus de trois semaines, les animalcules décrits jusqu'ici, sur les grains de seigle d'une infusion desséchée depuis long-tems dans une de mes petites fioles. Dès le lendemain je ne vis dans la première goutte, presque rien qui n'eût vie, mais pas un des animalcules que nous venons de voir, et il sembloit que la nouvelle nourriture, qu'ils trouvèrent ici, les avoit fait croître, et avoit changé leur forme, comme on le verra en comparant la

Fig. 7, qui représente un de ces animalcules avec la *fig.* 3 ; la cinquième semaine, je versai un peu de cette infusion de grains, sur une autre, faite de sang de carpe ; mais dans laquelle il n'y avoit point de vie, quoiqu'elle fût déjà vieille de quatre semaines. Les gros animalcules étoient disparus en 24 heures, et l'on n'y voyoit plus qu'une menuaille de points et d'ovales obscurs. Au bout de

8 jours , il en parut qui étoient un peu plus gros , parmi lesquels j'en vis plusieurs qui se formoient actuellement.

Fig. 8 , c'étoit un petit paquet de globules , qui rouloient pêle-mêle , qui,

Fig. 9 , passèrent de la forme 1 , à la forme 2 , et après l'avoir gardée deux à trois minutes à-peu-près , ils prirent enfin celle qui se voit en 3 , et se murent alors aussi avec beaucoup de vivacité , comme tous les autres.

Il étoit réservé aux jours sombres de l'hiver de répandre tout-à-coup un jour lumineux sur les observations que j'avois faites jusqu'à ce moment , et de convertir en certitude ce que je n'avois présenté que comme vraisemblable ; ma longue patience dans la recherche de la propagation , et des différentes manières dont se multiplient ces animalcules , §. 99, fut enfin récompensée aujourd'hui beaucoup au-delà de mon attente, par une certitude irréfragable.

Voulant donc essayer ce que deviendroient mes animalcules d'une infusion de grains, si j'y ajoutois un peu de terre, dans une fiole nette, je ne remarquai, quelques jours après, aucun changement dans mes animalcules; mais ils disparoissoient peu-à-peu, ou plutôt ils prenoient une autre forme, et paroissoient avec la partie postérieure pointue, tandis que l'antérieure s'étoit arrondie. Ils avoient aussi perdu beaucoup de leur vivacité, et ils n'alloient qu'en se traînant. Je vis ce changement avec ma troisième lentille. Mais ayant augmenté le grossissement, par dégré, jusqu'au plus haut , je découvris aussi-tôt la cause de leur allure traînante , en voyant sortir de leur partie postérieure, un long fil, au bout duquel étoit attaché un paquet de petits globules qu'ils traînoient.

Fig. 10 , ce fil étoit souvent plus long de moitié qu'il n'est ici représenté. Voici quelque chose de surprenant. Le corps de l'animalcule disparoissoit en un clin-d'œil, comme une bulle d'eau, qui crève ; mais il reparoissoit aussi-tôt dans la même place où il étoit auparavant ; je fus mieux au fait de ce jeu, quand j'observai que le corps se jetoit d'abord en arrière, vers l'extrémité du fil, et se ramenoit aussi-tôt en avant; ce qui n'arriva qu'un petit nombre de fois ; mais après cela le fil en zig-zag rebondissoit sur le corps avec son paquet, et le bout *a*, du corps, se retiroit tout-à-fait en dedans, au point d'y former un creux.

Fig. 11, je vis alors comme des petits globules, qui étoient poussés dans le fil creux vers son extrémité, et je fus convaincu que ce fil ne pouvoit être que le *canal ovaire* des animalcules, dont l'extrémité *c* s'élargissoit, par l'influence des globules ; j'observai ces globules bien soigneusement , et je ne remarquai pas en eux-mêmes , le moindre mouvement , quoique le paquet , avant que de rebondir, fît toujours paroître quelques mouvemens de palpitation, et annonçât par-là, ceux du canal ovaire. Quand cela arrivoit, l'animalcule restoit en place sans remuer ; mais après que ce jeu avoit duré pendant deux minutes, il continuoit sa route, traînant le canal ovaire et le paquet; je vis alors, à différentes fois, que quand il n'y avoit que deux ou trois globules traînans, ils se détachoient, étoient en repos pendant quelques secondes, et alloient ensuite leur train, en forme de petits *ovales* ; mais je me suis aussi apperçu plusieurs fois, que ce paquet d'œufs traînant, étoit souvent bien trois ou quatre fois plus gros que l'animalcule même. Le nombre de ces animalcules étoit alors à celui des autres *fig.* 7, comme 50 à 1, à-peu-près, et l'on n'en voyoit que peu, au contraire, dans l'infusion mère. Pourroit-on douter que ces globules immobiles pussent être autre chose que de véritables œufs ? Les petits paquets qui ne contiennent que peu d'œufs, paroissent ordinairement animés

au

au bout de deux ou trois secondes; j'en ai été si souvent témoin,
que je puis l'avancer avec certitude. Mais une nouvelle manière de
propagation est celle que présente la

Fig. 12 ; quelques-uns de ces animalcules ovipares furent comme
entaillés dans leur partie antérieure *b*, *fig.* 10. La même chose parut
aussi à la fin, dans la partie postérieure. Les deux entailles devinrent de plus en plus profondes , jusqu'à ce que finalement l'animalcule prit la forme de deux globules contigus l'un à l'autre (7) ; ils
ne changeoient point de place; mais de foibles mouvemens qu'on remarquoit à leur peau, annonçoient de la vie. Ils firent un mouvement, d'où il résulta entr'eux un petit vuide, et un globule *d* perdit sa rondeur, et devint un peu anguleux. Des endroits anguleux,
je vis sortir des petits corps oblongs *e*, qui finirent par se détacher,
demeurèrent en repos pendant quelques instans, et ensuite s'éloignèrent avec assez de vivacité. J'en vis d'autres aussi au travers
de la peau, se mouvoir de côté et d'autre dans l'intérieur près de
la peau du globule *f*; enfin les deux globules se séparèrent entièrement, l'un prenant la forme d'une *pendeloque*, s'éloigna de l'autre
avec la plus grande vîtesse ; et celui-ci de son côté, s'en alla lentement avec son canal ovaire , tandis qu'en même-tems la pointe *a*,
fig. 10, reparut de nouveau. Ce canal ne rebondit jamais contre le
globule, et demeura toujours tendu. Le paquet d'œufs étoit aussi
beaucoup plus petit que celui qui tenoit au canal ovaire, auquel
cela arrivoit, d'où j'inférai que la pointe avoit été diminuée par la
division de l'animalcule (8).

---

(7) Sous le nom de *globules*, je n'entends ici , et dans ce qui suit , que des
corps applatis en forme de palets ronds.

(8) M. Spallanzani a décrit les mêmes animalcules, dans le 3e. chap. de ses

E e

Nous trouvons donc ici que la propagation se fait de trois manières différentes : l'une par les œufs, l'autre par les fœtus vivans, et la troisième par la division, que j'ai vue actuellement pour la troisième fois. Cette observation ne m'a cependant coûté que trois quart-d'heures de patience. Ayant enfin réussi à ne pas perdre mon animalcule de vue, quand je rafraîchissois la goutte avec de l'eau, après l'avoir tenté plus de 20 fois inutilement, je découvris encore une propagation qui n'est pas moins surprenante, dans une infusion de grains ; je vis des globules ronds,

Fig. 13, qui nageoient très-lentement, et certains petits globules éloignés d'eux, qui les suivoient constamment. Quand il y eut davantage de ces globules dans la goutte, j'en cherchai un qui n'eut point un pareil cortège. J'en trouvai un, tel que je le cherchois, dans un endroit clair, et où il n'y avoit point d'autres animalcules. Il mit bas un petit globule f, qui fut suivi aussi-tôt d'un autre g, et ensuite d'un troisième h; ils s'éloignèrent lentement de leur mère, et ne donnèrent pas, au reste, le moindre indice de mouvement propre, jusqu'à ce qu'enfin le petit globule fut touché par un autre animalcule, quoiqu'il se fût aussi éloigné du gros, et retourna après cela, en un clin-d'œil, dans le corps de sa mère. Celle-ci nageoit très-lentement pendant ce tems-là, et je découvris ici que les petits globules étoient réunis au gros, chacun par un fil dont la finesse surpasse l'imagination, et ce qui est encore plus remarquable, ces

---

Observations microscopiques, et les représente fig. 8 ; mais il les regardoit comme une espèce particulière, et il ne savoit pas que c'étoient des animalcules qui donnoient la vie à leurs semblables ; pendant qu'il les avoit sous les yeux ; ses figures ressemblent si peu aussi à leurs originaux, qu'il est vraisemblable que ces animalcules ont été dessinés d'après des petits têtards.

fils étoient aussi roides qu'un fil de métal, ce qui faisoit que pendant la marche de l'animalcule , ils étoient toujours dans la même
position relative , et que les angles qui formoient les fils , ne changeoient point, et le tout n'offroit par conséquent qu'un corps, avec
des parties saillantes immobiles. Peu de tems avant le desséchement
de la goutte , je remarquai que le globule *g*, cherchoit à se dégager du fil , et il s'éloigna effectivement de la mère dans un clin-
d'œil. Quelques-uns de ces globules mirent bas leur portée sans fils.

Fig. 14, A , je vis une tache informe, sombre *a* , sous la peau du
globule, qui étoit en repos, changer plusieurs fois de place, jusqu'à
ce qu'enfin elle parvint au bord de la figure , et en sortit en *b*.
Aussi-tôt après la peau devint plus claire et plus transparente , et
après différentes convulsions, l'animalcule prit une forme ovale, et
attira à lui sa partie antérieure , de manière qu'elle paroissoit avoir
été coupée B ; le paquet *b* fut par-là séparé de l'animalcule mère,
et je vis qu'il étoit composé de divers globules un peu confus ; mais
aussi-tôt que l'animalcule repoussoit en dehors sa partie antérieure ,
il paroissoit s'y rejoindre. Presqu'à chaque fois que l'animalcule mère
se retira ainsi , je remarquai un mouvement dans ces globules , et un
changement de forme, jusqu'à ce que la dernière fois, peu de tems avant
l'évaporation de la goutte, ils prirent la forme *c*; pendant cette observation , je m'apperçus très-clairement, que différens petits globules *d d*,
à peine visibles, sortoient de la mère, qu'ils abandonnoient en s'en allant de compagnie, et se roulant confusément avec beaucoup de vivacité.

A la fin de l'introduction à ces observations, j'ai hasardé la conjecture , que certaines sortes d'animalcules d'infusions rendent un
frai, comme les grenouilles, et j'ai remis à la confirmer dans la suite ;
c'est ce que font les figures de cette planche, qui non-seulement
mettent hors de doute cette manière de propager, mais aussi nous

E e 2

font conclure que les petits animalcules *c*, *d*, *fig.* 5, de la *Pl. XXVI*, jettent leurs œufs de la même manière que les plus gros de la planche actuelle. Quelle variété dans les manières dont la nature propage ses corps ! Et n'est-il pas naturel de conjecturer que celles qui sont ici découvertes dans les animalcules d'infusions ; ne sont encore que la moindre partie de celles qui nous sont inconnues dans cette sorte d'animaux ? J'ai encore à remarquer ici sur les animalcules ovipares, que quand en nageant avec leur paquet d'œufs, ou leur frai, ils demeurent attachés à la pellicule visqueuse, ou à quelqu'autre chose, ils ne font alors qu'osciller, comme un bateau flottant sur l'eau, et retenu par une corde ; mais souvent aussi ils s'élancent de la pellicule en arrière ; y revenant ensuite de nouveau,

Fig. 15 ; durant ces élancemens et ces retours, pendant lesquels aussi ils prennent souvent, pour quelques instans, la forme de globules, et tournent en vis le canal ovaire *b*, qui tient à la pellicule visqueuse, les globules qui paroissent enveloppés par la pellicule, roulent confusément et demeurent ensuite immobiles, jusqu'à ce qu'un semblable mouvement se renouvelle.

En *c*, je représente un spectacle que ces cloches m'ont donné plusieurs fois. Aussi long-tems qu'elles ont la forme *a a*, on n'apperçoit dans leur voisinage d'autres mouvemens que ceux qu'y cause le passage d'autres animalcules. Mais quand ils retirent leur partie antérieure, et qu'on voit un enfoncement, comme une bouche ouverte, non-seulement tous les petits globules voisins qui sont en repos sont mis en mouvement, comme nous l'avons déjà vu *Pl. XXIII*, *b*, *fig.* 1, *m*, mais aussi ceux qui en sont éloignés de 4 à 5 fois le diamètre de l'animalcule, en sont attirés. Tout ce qui est près des deux côtés antérieurs, un peu saillans en pointe de l'animalcule, est alors emporté en tourbillon ; et le mouvement en est plus fort en raison du voisinage ; tout ce qui est une fois dans le tourbillon, fussent même des animalcules de moitié aussi gros que l'animalcule qui les attire morts ou vifs, ils en sont aussi long-tems emportés, que l'animalcule conserve cette forme ; mais s'il reprend la forme $a\,a$, comme il arrive souvent, alors tout mouvement cesse de nouveau à l'instant ; mais celui qui est produit par chaque nouvelle métamorphose ou reprise de la forme b, est renouvelé et devient aussi prompt et aussi visible qu'auparavant. Je n'ai jamais pu remarquer qu'un de ces globules, emporté dans le tourbillon, ait été englouti par l'animalcule, parce qu'ils ne se placent jamais qu'à ses deux côtés. Mais il est très-vraisemblable que cette attraction visible de l'eau, est le moyen qu'il emploie pour prendre sa nourriture.

Après avoir entretenu la vie dans mon infusion de grains, pendant 14 mois, en la rafraîchissant souvent avec de l'eau, et l'avoir portée avec moi, en différens petits voyages, je la laissai cependant une fois par oubli, se réduire en consistance d'une bouillie épaisse, que je fis ensuite parfaitement sécher sur le four. Ayant ramolli cette pâte dure, en y versant de nouveau de la rosée distillée, au bout de trois jours, il y reparut un grand nombre de petits *ovales*. Comme ils n'avoient point grossi pendant 8 jours, je colorai l'infusion avec du carmin, pour voir comment s'y trouveroient les petits *ovales*. Dès le 6ᵉ. jour suivant, je vis une quantité innombrable de *cloches*, tenant à la pellicule par leur long canal, et y faisant leurs mouvemens ordinaires. Mais, à l'exception de la petite quantité d'*ovales*, qui cependant, deux jours après, parurent sous la forme de *pendeloques* bien formées, il n'y avoit point un seul animalcule d'une autre sorte à y voir (9), les cloches étoient

---

(9) Auprès de cette fiole, j'en avois encore dix autres avec des infusions, la

en général, de la même forme que celles qui viennent d'être décrites ; mais elles n'avoient point pris la couleur rouge, que les *pendeloques*, au contraire , avoient prise fortement, comme je l'ai représenté *Pl. XXIII , b.* La plupart des cloches se tiennent à la pellicule de l'infusion par leurs longs canaux ou tuyaux , à laquelle ils confient leurs œufs. S'ils s'en détachent de tems en tems , comme des mères soigneuses et avisées , elles nagent lentement et le plus souvent en ligne droite, en traînant un paquet d'œufs (*fig.* 10) , jusqu'à ce qu'elles se tiennent de nouveau quelque part , et alors elles recommencent leur besogne ordinaire , en s'élançant , retournant et formant leur tourbillon. Leur peau doit être plus forte , et avoir plus de consistance que celle des *pendeloques*, et des autres animalcules d'infusions , puisqu'après l'évaporation de l'eau , elle ne creve point comme la leur ; mais demeure sans altération des jours entiers.

Il n'y a aucun doute que ces animalcules sont de l'espèce des *arrières-polypes* de M. Roezel. L'histoire entière de ceux-ci (10) , est aussi celle de ceux-là , et à l'inspection de la pl. 97, du troisième volume de ses *Récréations entomo-logiques*, on en sera suffisamment convaincu , et l'on remarquera aussi-tôt, qu'il n'y a point d'autre différence entr'eux, que celle de la grosseur, les polypes de M. Roezel, étant seulement d'une espèce plus grande que mes animalcules. On remarque même aussi de tems en tems, dans ceux-ci, quelques pointes saillantes à la bouche (*fig.* 15 , *c*,) comme dans ceux-là. J'ai fait la

---

plupart animées ; mais je n'y trouvai pas une seule *cloche* parmi les animalcules.

(10) *Insekton balustigung*, (*Récréations entomo-logiques*) , part. 3, pag. 597 et suivantes.

plupart de ces dernières observations sur des animalcules vivans déjà depuis sept semaines dans l'infusion , du moins l'infusion étoit faite depuis ce tems-là. Je dois dire aussi, que dans l'eau de neige, où j'avois vu les *fig.* 1 et 3 , j'ai aussi rencontré, deux jours de suite, des animalcules réunis, tels que ceux des *fig.* 8 et 9 , *Pl. XXVIII* ; il y eut aussi quelques jours où je vis de très-gros animalcules d'une forme particulière dans l'infusion de grains.

Fig. 16 ; ils étoient très-transparens et agiles ; ils jetoient toujours, en nageant, la partie antérieure de leur corps en forme de sac, d'un côté à l'autre ; ils se dressoient et ils se couloient l'un sur l'autre , sous la forme de deux globules assez opaques, tels que ceux des *fig.* 15, 16, 17, de la *Pl. XXVII* ; mais quoiqu'une fois je les aie observées plus d'une demi-heure , ils ne s'en séparèrent point ; souvent aussi ils reprirent leur première forme , et à la fin ils disparurent.

Fig. 17 , elle représente un animalcule semblable à un morceau de bois, et transparent comme le verre , de ceux que je rencontrai une fois dans de l'eau de neige, ramassée en Mars, et vieille de six mois , dont je ne saurois rien dire , sinon que leur marche étoit fort lente , et en ligne droite.

PLANCHES XXX, XXXI et XXII.

Crystaux d'infusions grossis par la lentille N°. 2.

Fig. 1 , jusqu'à quatre cristaux d'infusions d'orge et de mufle de bœuf.

Fig. 5 , deux, d'une infusion de chenevis du 30 Juin.

Fig. 12 et 14 , de la même , mêlée avec une de chair de bouc.

Fig. 15 et 16 , de l'infusion du 30 Juillet , I , mêlée avec une de chair de veau.

Fig. 17 et 19 de l'infusion d'orge du 30 Juillet, N°. III, mêlée avec une infusion de chair de bouc.

Fig. 20 et 22, de l'infusion de pois du 30 Juillet, N°. III, mêlée avec une de grains.

Fig. 23, d'une infusion de chenevis et de chair de bouc.

Fig 24, de l'infusion de grains du 30 Juillet, III, qui fut de nouveau délayée avec de l'eau. Le lendemain, après que la vie y avoit cessé précédemment, j'y revis un *mouvement radical*, et une foule de petits *ovales* et *globules*, et ce cristal entre plusieurs autres ; mais le cinquième jour, avec ces animalcules, 80 différens cristaux, dont j'ai seulement dessiné,

Fig 25, les deux qu'on y voit ensemble. Les petits animalcules avoient diminué de nouveau, et les quatrième et cinquième jour, on n'en voyoit plus, mais encore plusieurs cristaux.

Fig. 26, de l'infusion d'orge et de chair de bouc ; on auroit dit qu'il y avoit une pièce emportée.

Fig. 27 et 28, deux cristaux imparfaits de l'infusion d'orge du 30 Juillet, N°. II, mêlée de l'infusion d'œufs de grenouilles ; il y avoit aussi un cristal comme celui de la *fig.* 25, *a.*

Fig. 29 et 31, de l'infusion de chair de veau.

Fig. 32 et 33, de l'infusion de chair de bœuf fraîche, et d'orge.

Fig. 34 et 39, de l'infusion de mouches domestiques.

Fig. 40, elle représente, au plus fort grossissement, une végétation particulière de la moisissure, qui se voit souvent à la pellicule visqueuse de l'infusion de pois, quand les pois sont tout-à-fait resolus en une bouillie.

O B S E R V A T I O N S

OBSERVATIONS MÊLÉES,

FAITES SUR DIVERSES INFUSIONS.

A. *Mufle de bœuf dans de l'eau de pluie ramassée récemment.*
En vaisseaux clos.

Le deuxième jour, plusieurs *ovales*, et quelques *cylindres*, de la forme et du même mouvement que ceux de l'infusion de grains, *Pl. XIV*, A, N°. I, *c*.

Le troisième, des mêmes, et d'autres comme des fils, et aussi quelques *globules*, qui deviennent des *ovales* en roulant.

Les quatrième et cinquième, des fils courts et en petit nombre, des parties informes mouvantes et des *ovales*, *mouvement radical*.

Le sixième, des points, qui ne s'écartent guère d'un même endroit, *mouvement radical*.

Les septième et huitième, comme le sixième, avec un fil tendu, et un serpent de même.

Le neuvième, point de vie, la puanteur étoit insupportable.

B. *Infusion d'orge*, Pl. XVIII, N°. III, *mêlée le dixième jour*
avec une infusion de mufle de bœuf.

Nota. Il y avoit des *globules* et des *ovales*, dans les deux infusions, la fiole étoit ouverte.

Au bout de 24 heures, des points, et un fort beau cristal, *Pl. XXX*, *fig.* 1ere.

Le troisième jour, une foule d'animalcules oblongs et à queue, qui avoient diminué notablement ; le quatrième, le cristal, *fig.* 2, *Pl. XXX.*

F f

Le cinquième, quelques grosses *pendeloques* et plusieurs *globules*, et le cristal , *fig.* 13.

Le sixième, les gros animalcules s'étoient fort multipliés ; il s'en trouvoit parmi eux quelques-uns fort opaques.

Les 7e. et 8e., on ne remarqua point de diminution dans les animalcules ; le neuvième , on n'en voyoit plus de gros, mais seulement encore quelques petits : parmi plusieurs cristaux moins remarquables, parurent les deux , *fig.* 4 ; on en vit encore les jours suivans.

C. *D'œufs pris d'une grenouille femelle*. En vaisseaux ouverts. En Août.

Du troisième au sixième jour, *mouvement radical*, quelques petits globules et particules informes éparpillées et se portant de tous côtés, quelques animalcules cylindriformes. Le sixième jour, on versa de l'eau fraîche.

Le septième , une foule confuse de points, gros et petits, clairs et opaques.

Le huitième , des mêmes et des *globules*.

Les neuvième et dixième , une foule d'*ovales*, comme un essaim de moucherons , *Pl. XXVIII*, *fig.* 7, *a* ; l'urine en tua la plupart, quelques-uns ne s'en sont que contractés , et ont seulement eu le mouvement plus lent.

Le onzième, quelques-uns des animalcules s'arrêtoient tout-à-coup , comme si quelque chose les avoit retenus ; mais dès qu'un autre les touchoit, il sembloit qu'ils en étoient poussés , et ils reprenoient leur course parmi les autres. Tout cela ressembloit assez au grouillement des têtards.

Le douzième, des animalcules par troupes, comme des moucherons dans l'air.

Le treizième, il en paroissoit plusieurs sous la forme des grosses *pendeloques* ordinaires.

Le quatorzième, ils avoient diminué de nouveau, et il y avoit beaucoup de petits récens.

Du quinzième au vingtième, on ne vit plus que peu d'animalcules ; mais en rafraîchissant de tems en tems avec de l'eau, il en reparoissoit beaucoup.

D. *Cette infusion d'œufs de grenouilles, mêlée avec celle d'orge,* Pl. XVIII, N°. II, *dans laquelle il n'y avoit plus de vie.* En vaisseaux ouverts.

Le deuxième jour, les animalcules des œufs de grenouilles parurent s'être un peu alongés, avoir pris davantage la forme d'un *ovale*, et avoir perdu un peu de leur vîtesse. Ce jour-là parut le cristal, *fig.* 27, *Pl. XXXI*, et un autre, comme ceux *fig.* 25, de l'infusion de grains.

Le 3°., plus grand nombre d'animalcules : parmi plusieurs cristaux se trouvoit aussi le cristal imparfait, *fig.* 28.

Du 4°. au 8°., cinq à six différens essaims de gros animalcules ; il étoit rare d'en voir un séparé des autres, d'où il suit qu'ils sont fort sociables.

Le 9°., comme la veille, et un gros cristal, à-peu-près comme celui de 2°. jour.

Le 10°. le nombre des animalcules avoit diminué, un gros cristal parut de nouveau.

Le 11°., l'infusion étoit desséchée.

F f 2

E. *L'infusion précédente d'œufs de grenouilles, mêlée de celle de bled de Turquie.* En vaisseaux fermés.

Les 2ᵉ. et 3ᵉ. jour, les animalcules ordinaires d'œufs de grenouilles.

Les 4ᵉ. et 5ᵉ., de même.

Le 6ᵉ., peu de vie.

Du 7ᵉ. au 14ᵉ., plusieurs animalcules d'œufs de grenouilles devenus plus gros.

Le 15ᵉ., quelques-uns de ceux d'hier.

Le 16ᵉ., plus grand nombre des mêmes, quelques cristaux informes.

Du 17ᵉ. au 24ᵉ., plusieurs *pendeloques*, et divers cristaux réguliers.

F. *Chair de bouc crue.* En vaisseaux ouverts.

Le 2ᵉ. jour, *mouvement radical*.

Le 3ᵉ., quelques *globules*.

Le 4ᵉ., divers gros animalcules, *fig.* 10, *Pl. XXVIII*.

Le 5e., grande augmentation de gros animalcules fort agiles et transparens, peu de petits récens.

Du 6ᵉ. au 8ᵉ., comme le 5ᵉ.; le mouvement de ces animalcules ressembloit beaucoup à celui des animalcules de l'infusion d'œufs de grenouilles, le 12ᵉ. jour.

Le 9ᵉ., plusieurs animalcules presque ronds, et un oblong, *fig.* 14, *Pl. XXVIII*.

Du 10ᵉ. au 13ᵉ., les gros animalcules étoient disparus; et quelques *points* et *ovales*, qu'il y avoit encore, diminuoient peu-à-peu avec le *mouvement radical*, jusqu'à ce qu'enfin il n'y eut plus de signe de vie: la puanteur étoit fort grande, et l'infusion épaisse et visqueuse.

G. *L'infusion précédente prise au* 4e. *jour, et mêlée avec celle
d'orge*, Pl. XXVIII, N°. III.

Le 2e. jour, les animalcules des deux infusions n'avoient point
éprouvé de changement.

Les 3e. et 4e., le nombre des plus gros de l'infusion de chair avoit
augmenté, il parut plusieurs *ovales*, et deux cristaux, *fig.* 18 et 19,
Pl. XXXI.

Les 5e. et 6e., une foule de grosses *pendeloques*, de la plus
grande vîtesse, avec les propriétés de l'infusion de chair de bouc.

Du 7e. au 10e., comme les deux jours précédens, et un long
cristal, *fig.* 17, *Pl. XXXI.*

Le 11e., le tout étoit toujours fort animé de gros et petits animalcules. Un cristal brisé à l'une de ses extrémités, *fig.*, 26, *Pl. XXXI.*

Le 12e., plusieurs animalcules gros et formés à demi. Ceux de
l'infusion de chair, diffèrent de ceux de l'infusion d'orge, en ce
qu'ils avoient pris la forme d'un noyau de prune, et qu'ils étoient
plus petits et plus transparens que ceux de l'infusion d'orge, *fig.* 15,
Pl. XXVIII.

H. *L'infusion de chair de bouc, mêlée avec celle de chenevis,*
Pl. XXII, N°. I. En vaisseaux ouverts.

Le 2e. jour, une foule de *flammes*, comme celle de la *Pl. XVI,*
F III, et *Pl. XXVI, fig.* 3.

Le 3e., comme la veille, et divers cristaux, *fig.* 12 et 13, *Pl. XXX.*

Du 4e. au 6e., les animalcules des jours précédens, plusieurs cristaux informes, et quelques-uns réguliers, *fig.* 14.

Du 7e. au 9e., une foule de petits *ovales*, et un de la moyenne sorte.

Le 10e., animalcules formés à demi, comme ceux du 9e. jour dans
l'infusion de chair de bouc. Ils passoient comme un éclair.

Le 11e., les mêmes animalcules et un cristal, *fig.* 23, *Pl. XXXI.*

(230)

I. *Chair de veau crue.* En vaisseaux ouverts.

Le 2ᵉ. jour, *mouvement radical.*

Le 3ᵉ., la même chose, et quelques petits *globules.*

Le 5ᵉ., comme la veille; l'infusion étoit épaisse et visqueuse.

Du 6ᵉ. au 11ᵉ., comme les jours précédens, et les cristaux informes en partie, des *fig.* 29, 30, 31, dans la matière visqueuse.

K. *Infusion de grains*, Pl. XIV, Nᵒ. I, *mêlée avec la précédente.*
En vaisseaux ouverts.

Le 2ᵉ. jour, point de vie.

Le 3ᵉ., plusieurs *ovales* et *globules* tremblans.

Les 4ᵉ. et 5ᵉ., des petits traits et quelques *flammes* assez grosses.

Le 6ᵉ., plusieurs animalcules agiles de la forme de la *fig.* 7, *Pl. XXVIII*, et les cristaux, *fig.* 15 et 16, *Pl. XXX.*

Le 7ᵉ., une foule d'animalcules fort agiles, formés plus qu'à-demi.

Du 8ᵉ. au 10ᵉ., les animalcules diminuèrent et disparurent enfin entièrement.

L. *L'infusion de grains précédente, mêlée avec celle de pois*, Pl. XXIX, Nᵒ. II. En vaisseaux ouverts.

Le 2ᵉ. jour, point de vie, quelques petits cristaux, *fig.* 2, *Pl. XXXI.*

Le 3ᵉ., *mouvement radical*, foible, deux cristaux, *fig.* 21 et 22.

Du 4ᵉ. au 10ᵉ., comme les jours précédens, avec plusieurs cristaux, dont la plupart avoient la forme de ceux de l'infusion de grains, *fig.* 25, *Pl. XXXI.*

Nota. Dans l'infusion de pois, devenue comme une bouillie jaune, épaisse, ils n'ont point de signe de vie, tous ces jours-là, jusqu'au dernier, où il parut quelques petits cristaux ; dans deux autres infusions de pois , on ne voyoit ce jour-là ni rien qui eût vie , ni cristaux.

M. *Le sperme du taureau , mêlé avec une infusion de chair de bouc , le 10 Août.* En vaisseaux fermés.

Le 11e. jour , de petites particules mouvantes , et un animalcule oblong qui décrivoit dans sa marche une ligne tortueuse , comme dans l infusion d'orge , *Pl. XVII ,* B , III , *e.*

Les 12e. et 13e. , point de vie ; on a rafraichi avec de l'eau.

Le 14e., assez grand nombre d'*ovales.*

Du 15e. au 20e. , plusieurs animalcules oblongs , et des *flammes,* comme *fig.* 3 , *Pl. XXXVI.*

Le 21e. , les animalcules ont diminué jusqu'au 23e., qu'il n'y avoit plus de vie.

N. *Orge mondé , et chair de veau crue , dans de l'eau de fontaine (ou de puits).* En vaisseaux ouverts.

Le 1er. jour , plusieurs petits *globules* et *points.*

Les 2e. et 3e. , point d'animalcules ; mais un *mouvement radical.*

Les 4e. et 5e., de même, et quelques *points ;* deux gros cristaux.

Le 6e., mouvement radical, plusieurs *pendeloques* claires, de la grande espèce , deux gros cristaux , *fig.* 17 , *Pl. XXXI,* et un comme *fig.* 22.

Le 7e. , comme la veille , et deux cristaux, *fig.* 32 et 33.

Le 8e. , tous les gros animalcules étoient disparus.

Du 9e. au 14e., *mouvement radical,* et les derniers jours plusieurs *points* et différens cristaux.

Le 15e., point de vie ; mais un beau cristal , en forme de pyramide.

O. *Orge mondé seul, dans de l'eau de fontaine (ou de puits).*
Le même jour en vaisseaux ouverts.

Du 1ᵉʳ. au 7 Août, point de vie. Ce jour-là, la fiole fut bouchée.
Du 8 au 10, point de vie.

Les 11 et 12, plusieurs petits *globules* obscurs qui ne s'écartent
pas beaucoup de l'endroit où ils se trouvent.

Du 13 au 16, de même.

Le 17, point de vie.

P. *Infusion de bled de Turquie*, Pl. XVI, N°. III, *mêlée avec
celle de mufle de bœuf; l'une et l'autre sans vie.* En vaisseaux
ouverts.

Le 2ᵉ. jour, point de vie.

Du 3ᵉ. au 6ᵉ. plusieurs *flammes.*

Le 7ᵉ., un peu de *flammes*, et quelques petits ovales obscurs.

Le 8ᵉ., comme la veille.

Les 9ᵉ. et 10ᵉ., plusieurs animalcules à queue, qui diminuèrent
jusqu'au 15, que l'infusion fut enfin desséchée.

Q. *Eau de fontaine (ou de puits) bouillie.* En vaisseaux clos.

Le 2ᵉ. jour, des *fils* et des *globules.*

Le 3ᵉ., un plus grand nombre d'animalcules, en forme de fils,
qui se contractoient en chemin faisant, dont la partie antérieure
devenoit par-là plus de deux fois plus épaisse que la postérieure.

Le 4ᵉ., point de fils, et un peu d'*ovales.*

Les 5ᵉ. et 6ᵉ., point de vie.

Le 7ᵉ., deux ou trois *globules* fort vifs.

Le

Le 8ᵉ., quelques ovales très-agiles.

Les 9ᵉ. et 10ᵉ., augmentation des précédens, tous très-vifs.

Le 11ᵉ., un seul ovale fort agile.

Les 12ᵉ. et 13ᵉ., point de vie.

Le 14ᵉ., trois ou quatre animalcules ronds, vifs.

Le 15ᵉ., encore un seul *ovale*, fort obscur.

Le 16ᵉ., point de vie, de longs fils nageant sans le moindre mouvement propre.

R. *Eau de pluie récente, dans laquelle furent mises des pendeloques de la grande espèce, prise d'une infusion de pois.* En vaisseaux ouverts.

Le 2ᵉ. jour, point de vie.

Le 3ᵉ., quelques pendeloques, plusieurs animalcules *ovales* et *ronds*.

Le 4ᵉ., grande augmentation de grosses pendeloques, une foule des mêmes fort animée.

Les 5ᵉ. et 6ᵉ., comme le 4ᵉ.

Le 7ᵉ., comme la veille, mais divers animalcules accouplés, *fig.* 8 et 9, *Pl. XXVIII.*

Le 8ᵉ., les gros ont diminué.

Du 9ᵉ. au 20ᵉ., encore moins de gros, parmi quelques petits; jamais plus de quatre dans une goutte.

Le 21ᵉ., un gros animalcule, et deux accouplés, comme ceux du 7ᵉ. jour, que j'observai plus de 20 minutes, sans voir la séparation que j'attendois.

Le 22ᵉ., encore un gros seul, et divers petits animalcules ronds très-vifs.

Le 23ᵉ., trois gros et plusieurs petits animalcules, un cristal comme celui de la *fig.* 23, *Pl. XXXI.*

G g

Le 24e., forte augmentation des gros animalcules.

Le 25e.; point de gros.

Le 26e., peu de gros et quelques petits.

Les 27e. et 28e., plus de vie, un cristal comme *fig.* 20.

S. *Le 20 Août furent ajoutés dans cette eau quelques animalcules de l'infusion d'orge*, Pl. XVII, III. En vaisseaux clos.

Six heures après parurent quelques animalcules ronds, vifs, dont un faisoit halte subitement, et changeoit son corps, comme ceux que je décrirai ci-après.

Le 13e. jour, quelques *ovales*.

Le 14e., point de vie, mais un cristal parfaitement formé. On mit de nouveau ce jour-là des animalcules récens dans l'eau.

Le 15e., des animalcules assez gros et lents, et quelques petites *flammes* tremblantes et agiles. Voici un phénomène qui se présenta dans cette observation : je vis un petit animalcule rond emporté, par un mouvement circulaire fort rapide, par un plus gros, *fig.* 18, *a*, *Pl. XXVIII*. On auroit dit qu'un globule de la même grosseur leur lançoit une foudre ; il chassa le gros, qui s'éloigna avec vîtesse ; il emporta alors avec lui le petit par un mouvement circulaire rapide, qu'il réitéra encore une fois dans le même endroit ; ils demeurèrent ensuite en repos l'un et l'autre ; mais le plus gros se dilata davantage, comme en *b*, et il prit différentes formes si lentement, que j'eus le tems de voir tous les changemens, dont je ne représente ici que le plus remarquable *b*, *c*, *d*, *e*; durant ces changemens, il s'éloigna, en avançant d'une manière à peine visible à une distance de plus de 10 de ses diamètres, des animalcules ronds plus petits qui étoient immobiles pendant ce tems-là. Un autre gros animalcule rond, pendant que celui-là se métamorphosoit, fit une noutelle décharge sur le petit qui étoit en repos. Dans l'instant même, que celui-ci en fut atteint, le gros perdit tout mouvement, comme s'il avoit été frappé du coup électrique ; mais je vis aussi-tôt naître sur son corps des inégalités de toute espèce , et en se portant en avant d'un mouvement uniforme , lent , il prit diverses formes , dont je représente ici quelques-unes en *f*, *g* , *h* , *i* , *k* , *l.* Il parut pendant ce tems-là, sur le petit animalcule rond, qui étoit en repos, quatre points noirs, et il prit presque la forme d'un quarré *n ;* comme je remarquai que l'eau alloit s'évaporer entièrement, afin de pouvoir suivre plus long-tems ce spectacle, j'y en ajoutai de la fraîche , avec toutes les précautions possibles ; mais ainsi qu'il arrive presque toujours dans ce cas-là , mon *protée* disparut, et il ne me fut pas possible de le retrouver.

T. *Mouches d'appartemens dans de l'eau de rivière.* En vaisseau clos.

Les 2ᵉ. et 3ᵉ. jour, point de vie.

Le 4ᵉ., quelques *animalcules* ronds et *ovales*, et un gros animalcule qui prenoit souvent la forme de ceux d'infusions de pois , *fig.* 9, *Pl. XXVII.*

Le 5ᵉ., grande augmentation des gros, quelques *animalcules* ronds et *ovales.*

Les 6ᵉ. et 7ᵉ., comme le 5ᵉ., beaucoup de mouvement de parties uniformes comme *Pl. XXI* , A II.

Le 8ᵉ., de semblables mouvemens , mais point de gros animalcules , divers cristaux imparfaits , et deux fort beaux, *fig.* 34, 35, *Pl. XXXII.*

Le 9ᵉ., comme hier, plusieurs cristaux informes et un régulier, *fig.* 36.

Nota. Ces cristaux étoient d'un fin , tel que dans quelques-uns,

(236)

qui étoient dans un jour favorable , les couches des lames dont ils
sont composés , pouvoient être vues distinctement, comme je les ai
dessinées.

Du 10e. au 21e. , de petits animalcules ronds et des points lents,
dont le mouvement et la quantité diminuoient , et quelques cristaux.

Le 22e. , point de vie.

V. *Quelques gouttes de sperme de mulet , mêlées avec une infu-*
sion sans vie de chair de veau. 10 Août.

Le 11e. jour, une foule d'animalcules *trembleurs* , qui ne s'éloignent guère de l'endroit où ils se trouvent, *fig.* 17, 1, 2, 3, *Pl. XXVIII.*
En rafraîchissant avec de l'eau , ils prennent tout d'un coup une
forme globuleuse, *fig.* 17 , 4. Ils paroissent ensuite presque comme
des pepins de pomme, et leur partie la plus épaisse est l'antérieur ;
mais ces animalcules s'assemblent par troupes , à la pellicule de
l'infusion.

Jusqu'au 17e. , ils ont diminué, peu-à-peu, en quantité , jusqu'à ce
qu'enfin le 19e. toute vie étoit disparue.

W. *Infusion de grains épaissie, et sans vie ,* Pl. XIV , III, *étendue*
avec de l'eau fraîche. En vaisseaux ouverts.

Le 2e. jour, *mouvement radical.* Une foule de petits *ovales* , et
globuleux , quelques cristaux.

Le 3e. , la même chose, avec plus de 80 cristaux , parmi lesquels
il s'en trouvoit quelques-uns qui étoient plus d'une fois plus gros
que ceux *fig.* 25 , *Pl. XXXI.*

Le 4e. , encore une grande quantité de ces cristaux , *mouvement*
radical , mais point d'animalcules.

Le 5e. , point de vie, mais des cristaux.

. Le 6e. point de vie, mais un cristal en forme de boule., d'une grosseur extraordinaire, avec d'autres petits.

X. *Les .vaisseaux déférens du bouc avec de l'eau.* Dans un vase ouvert.

Le 2e. jour, quelques *ovales* fort petits.

Le 3e., *mouvement radical*, et mouvement de rotation de parties informes , des *ovales* obscurs.

Le 4e., plusieurs animalcules à queue , quelques petits *ovales* et divers cristaux informes.

Le 5e., une foule d'animalcules à queue, et *ovales*.

Le 6e. , les animalcules paroissoient avoir diminués.

Du 7e. au 15e. , ils augmentèrent de nouveau, tant en quantité, qu'en grosseur, ils changèrent de forme, et devinrent tantôt ronds, tantôt ovales, ou prirent une queue. Un accident interrompit cette observation.

Y. *Les reins d'une grenouille mâle , dans de l'eau de fontaine, ou de puits.* 15 Mars. En vaisseaux ouverts.

Le 17e. jour, quelques petits animalcules globuleux.

Le 8e. , un plus grand nombre des mêmes et un peu plus gros.

Le 9e. , grande augmentation d'animalcules globuleux réunis et roulans 4 à 5 ensemble , et de ceux de la veille, plusieurs cristaux finis.

Le 10e. , comme hier.

Le 11e. , la plupart des animalcules globuleux ont pris la forme d'*ovales*.

Le 12e. , point de vie, divers cristaux.

Z. *Reins de grenouilles , avec des œufs de grenouilles.* En vais‹
seau ouvert.

Le 7 Mars , point de vie.

Le 8 , quelques *points.*

Le 9, des mêmes en plus grand nombre.

Le 10, une foule d'animalcules globuleux et de *points* , quelqués
cristaux.

Le 11 , beaucoup de vie dans une foule de ceux d'hier ; plusieurs beaux cristaux.

Le 12 , diminution des animalcules , qui disparurent entièrement le 15.

A A. *Œufs de grenouilles.*

Le 7 Mars , point de vie.

Le 8, de même.

Le 9, de même.

Le 10, quelques particules fort petites , qui tenoient ensemble
et se mouvoient de compagnie.

Le 11, des petits animalcules globuleux.

Le 12 , plusieurs petits *ovales* et divers cristaux.

Du 13 au 26, les animalcules ont disparu peu-à-peu, sans avoir
augmenté en grosseur.

FIN.

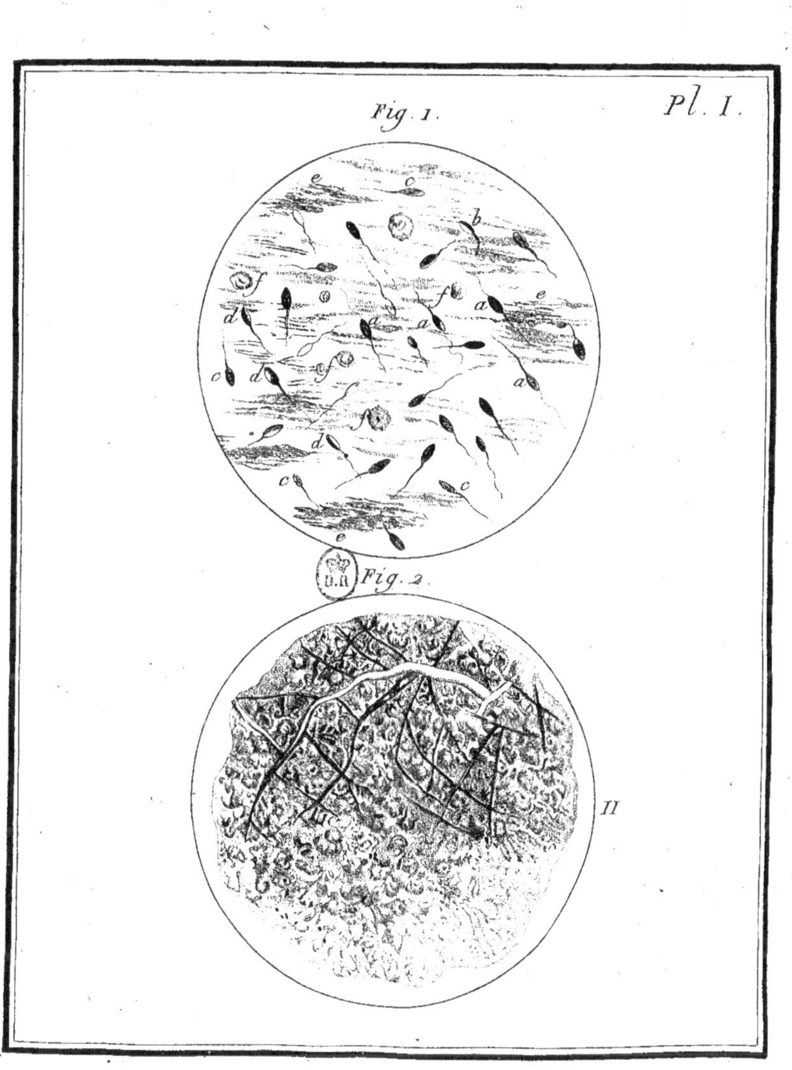

Fig. 1.
Pl. I.
Fig. 2.
II

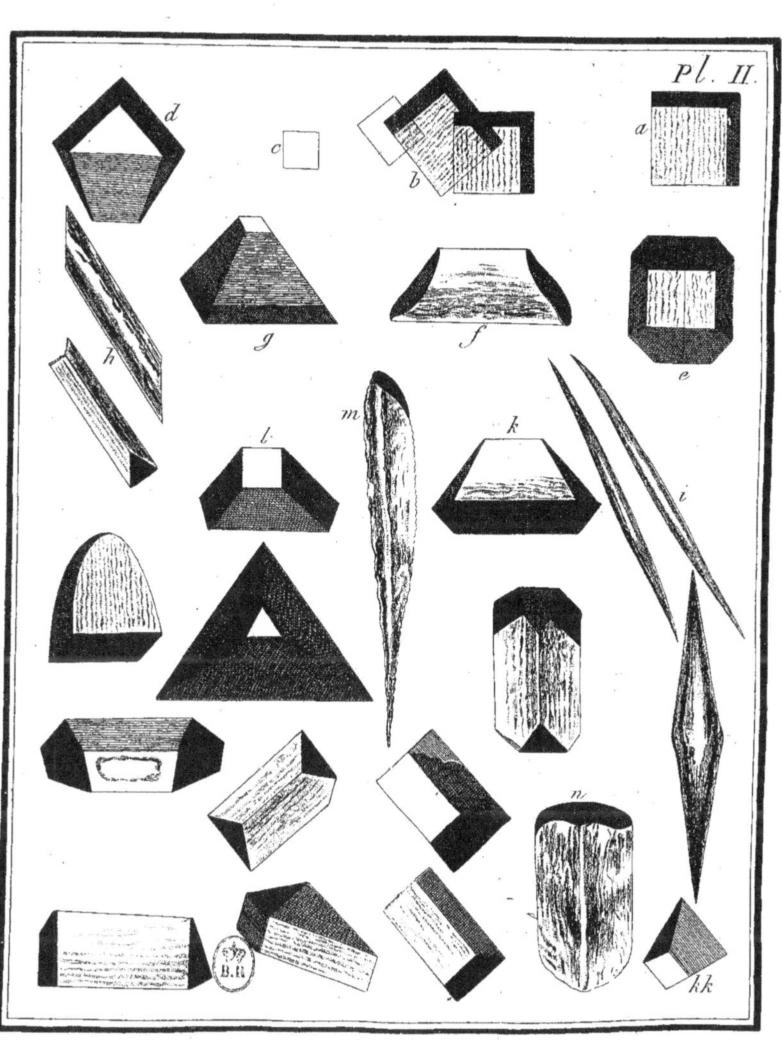

pl. II.
a
b
c
d
e
f
g
h
i
k
l
m
n
kk
B.R.

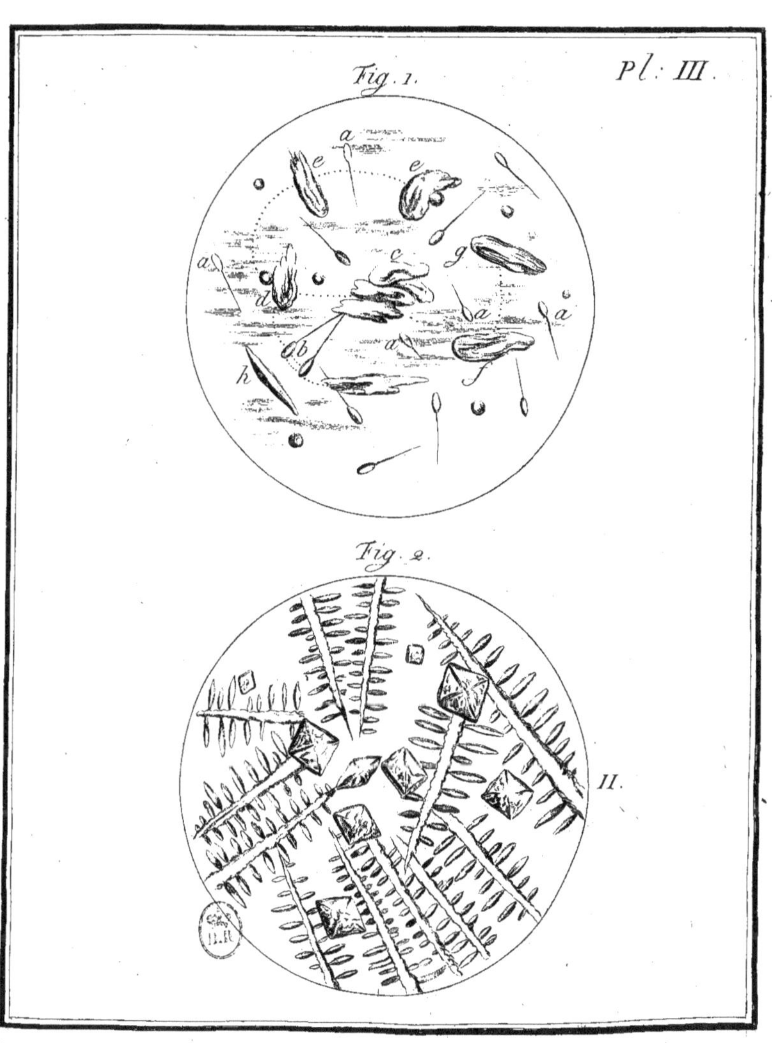
Fig. 1.
Pl: III.
a
e
e
a
c
g
a
d
a
a
b
a
h
Fig. 2.
II.

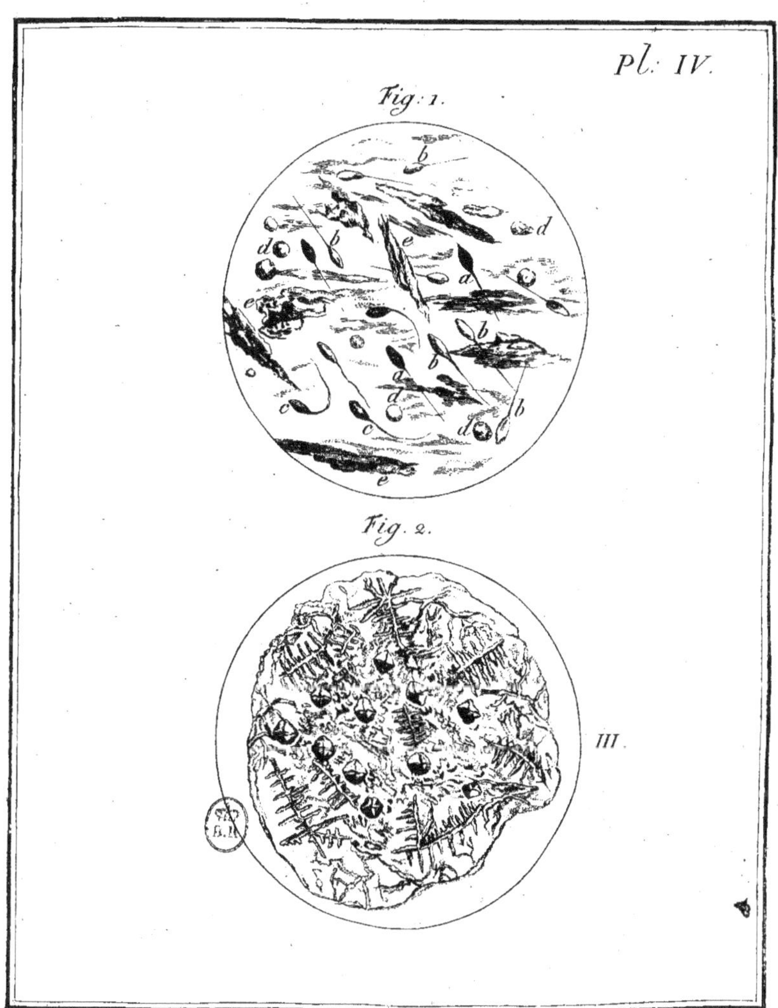

Pl. IV.
Fig. 1.
b
d
d
b
e
d
a
e
b
a
b
a
c
d
d
c
d
b
e
Fig. 2.
III.

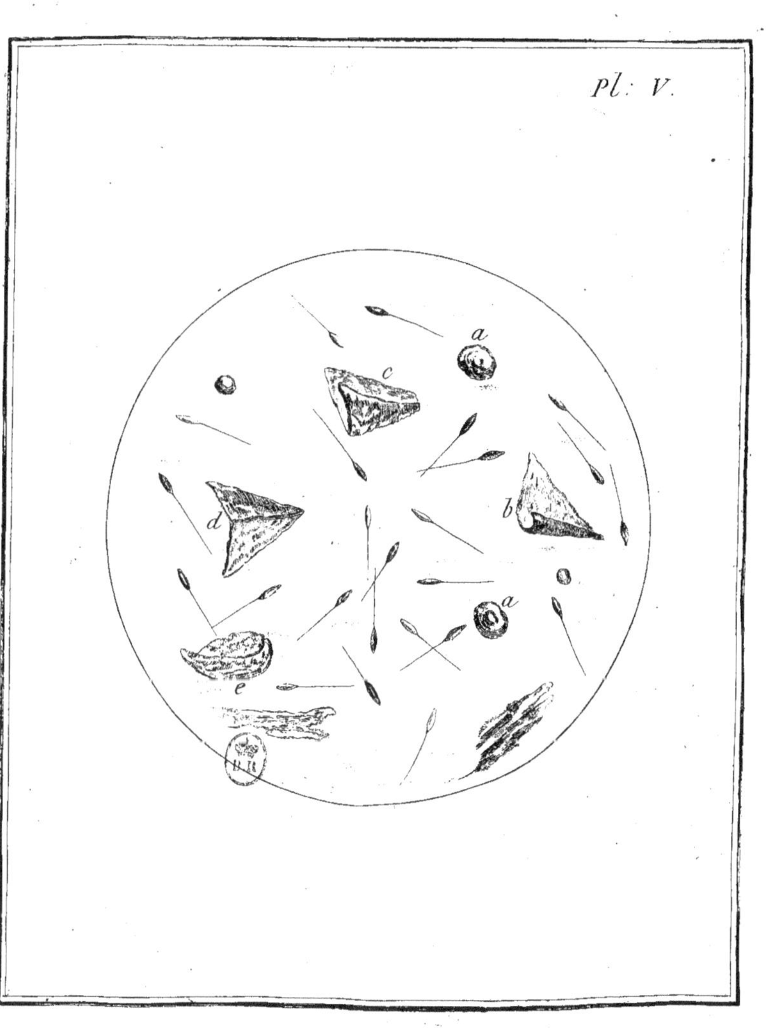

pl: V.
a
c
b
d
a
e

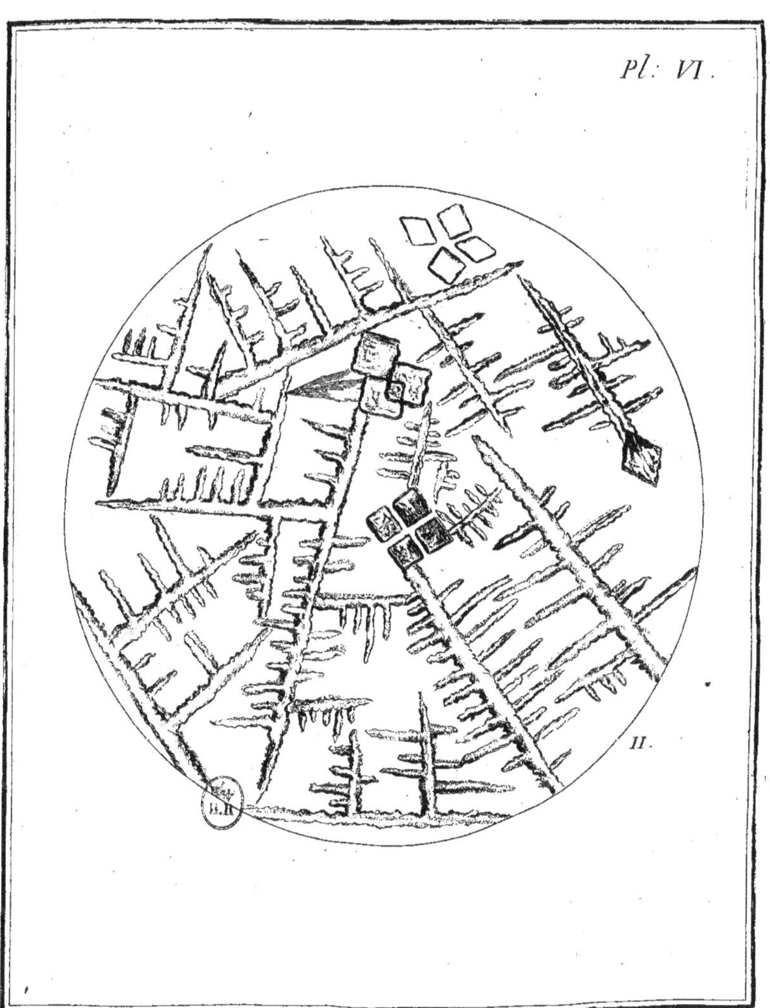

Pl: VI.
II.

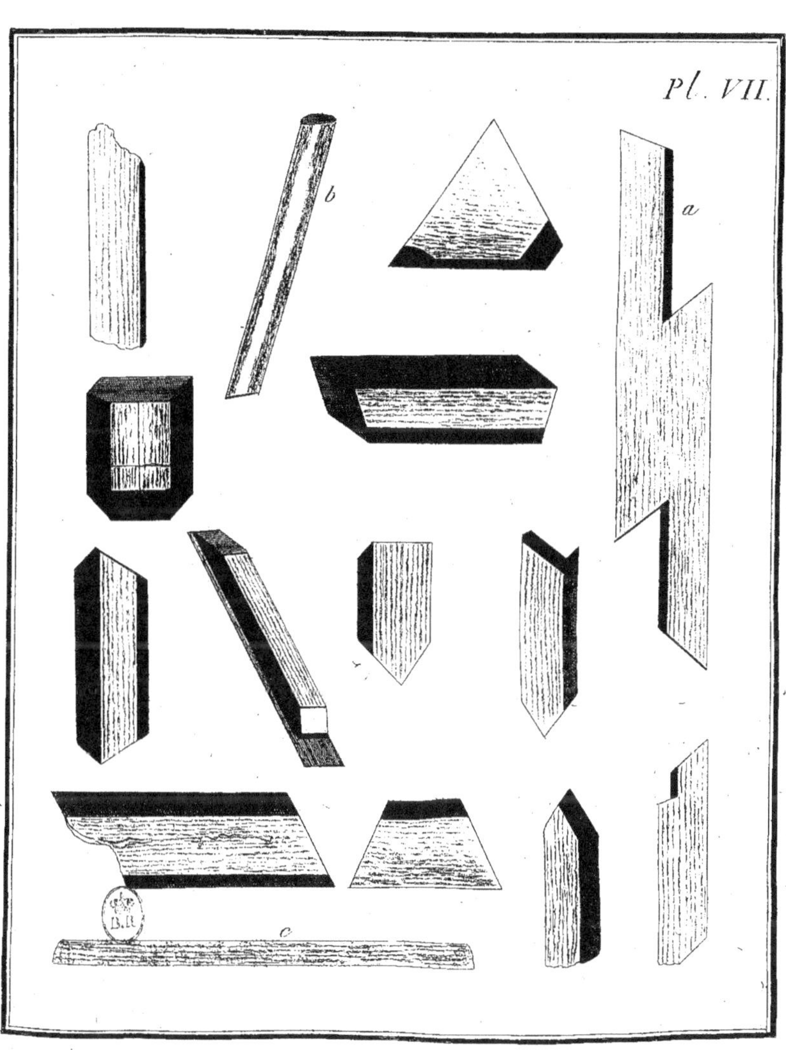

Pl. VII.
a
b
c

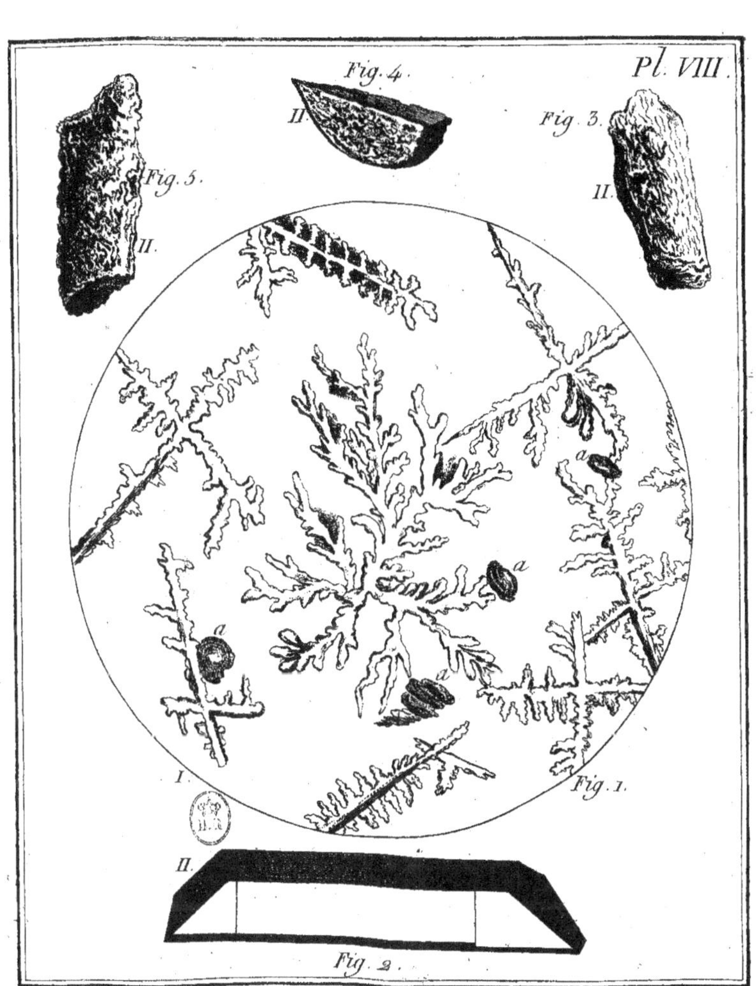

Pl. VIII.
Fig. 4.
II.
Fig. 3.
II.
Fig. 5.
II.
a
a
a
I.
Fig. 1.
II.
Fig. 2.

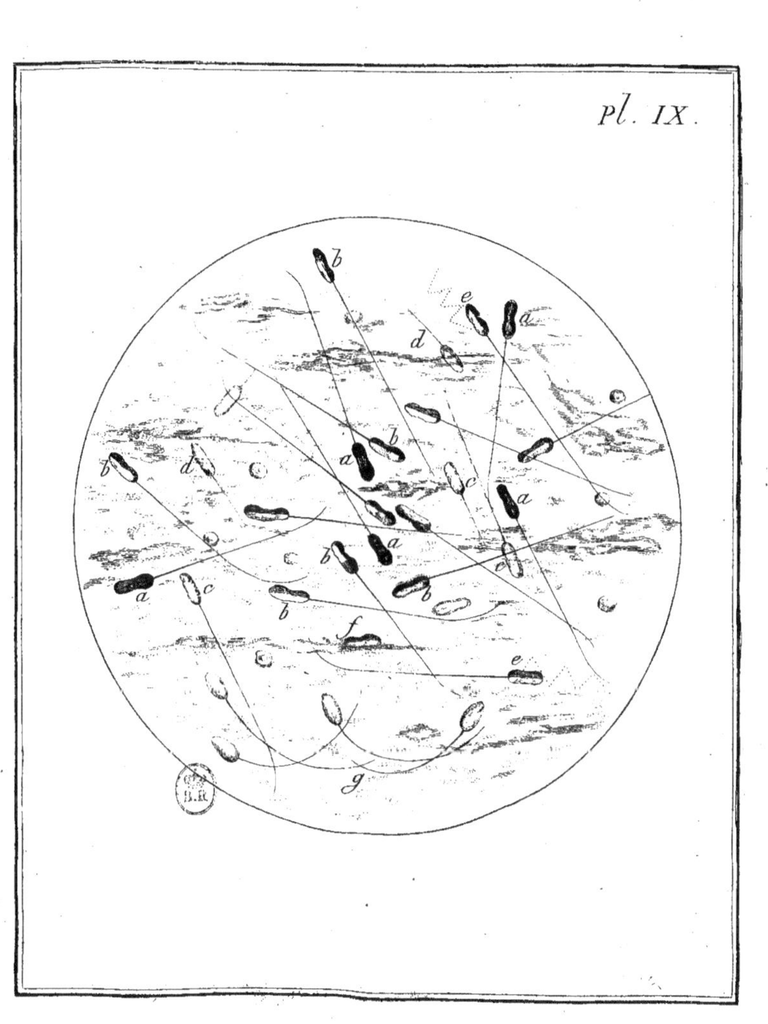

b
e
a
d
b
a
d
c
b
a
a
b
c
a
b
c
b
a
b
e
f
a
c
e
g

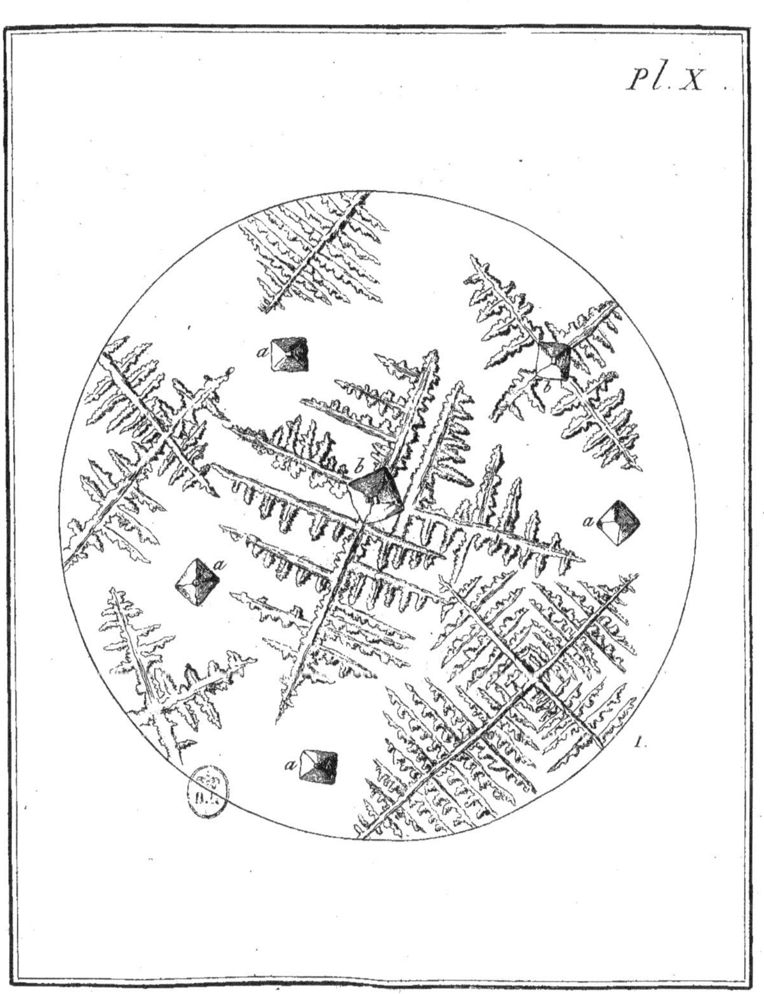
a
b
a
a
a
1.

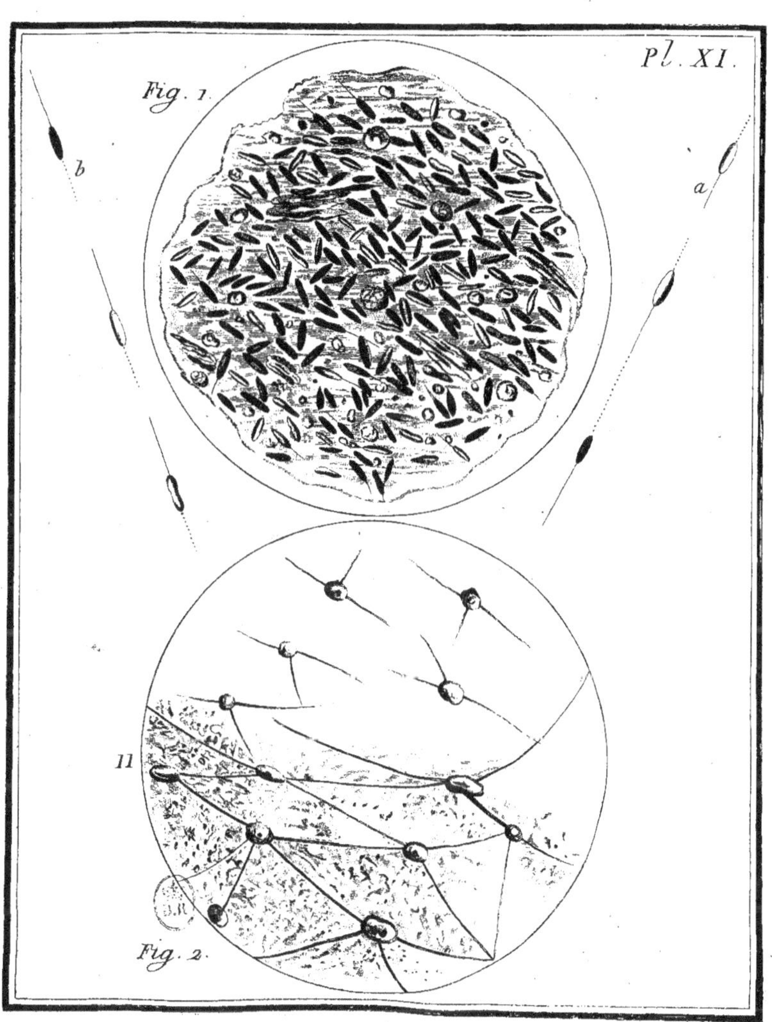

Pl. XI.
Fig. 1.
b
a
11
Fig. 2.

Pl. XII.

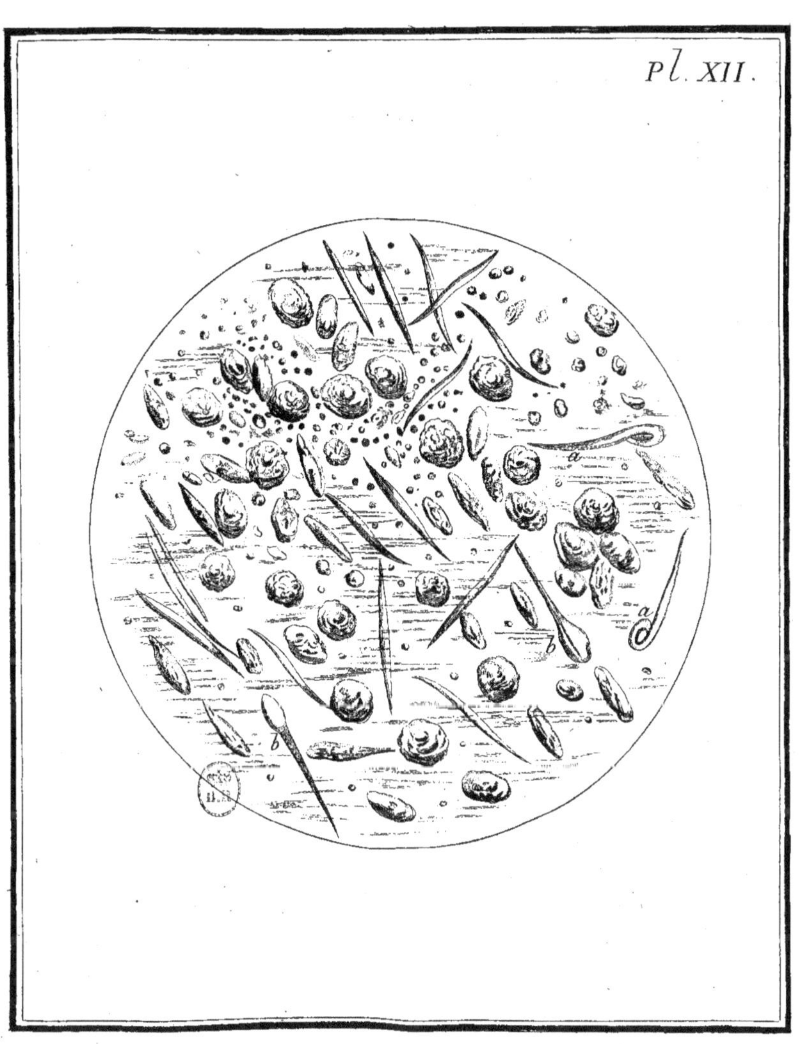

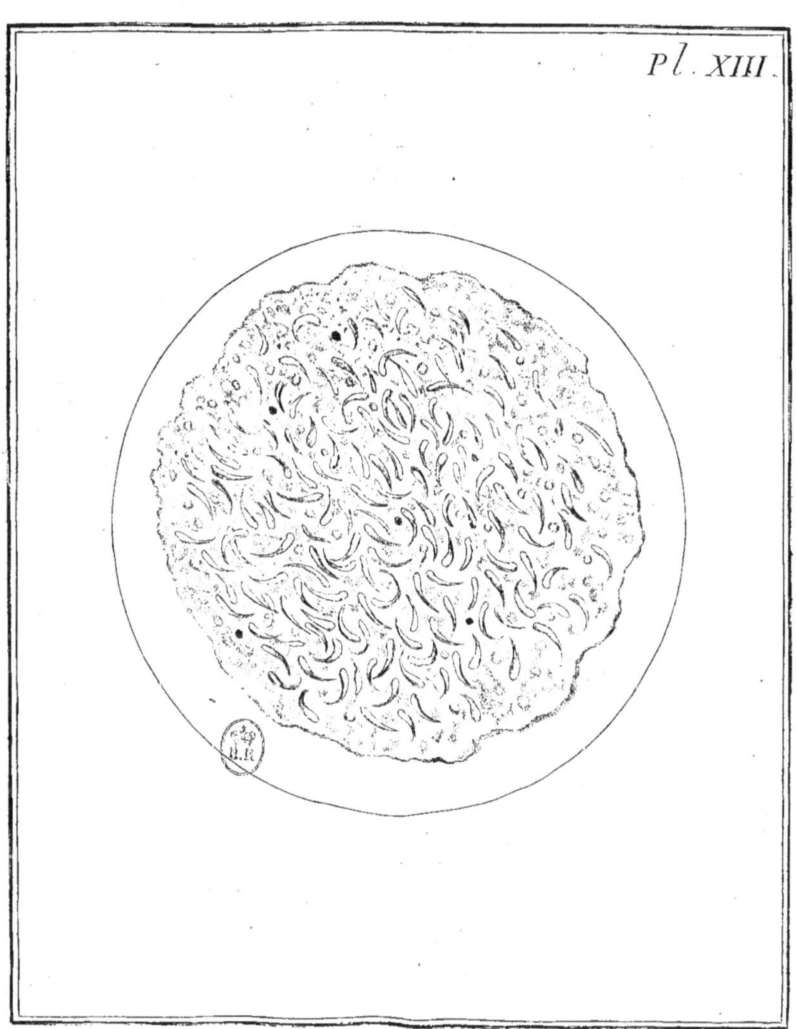

Pl. XIII.

Bled mis en expérience le 14 Juin. Pl. XIV.

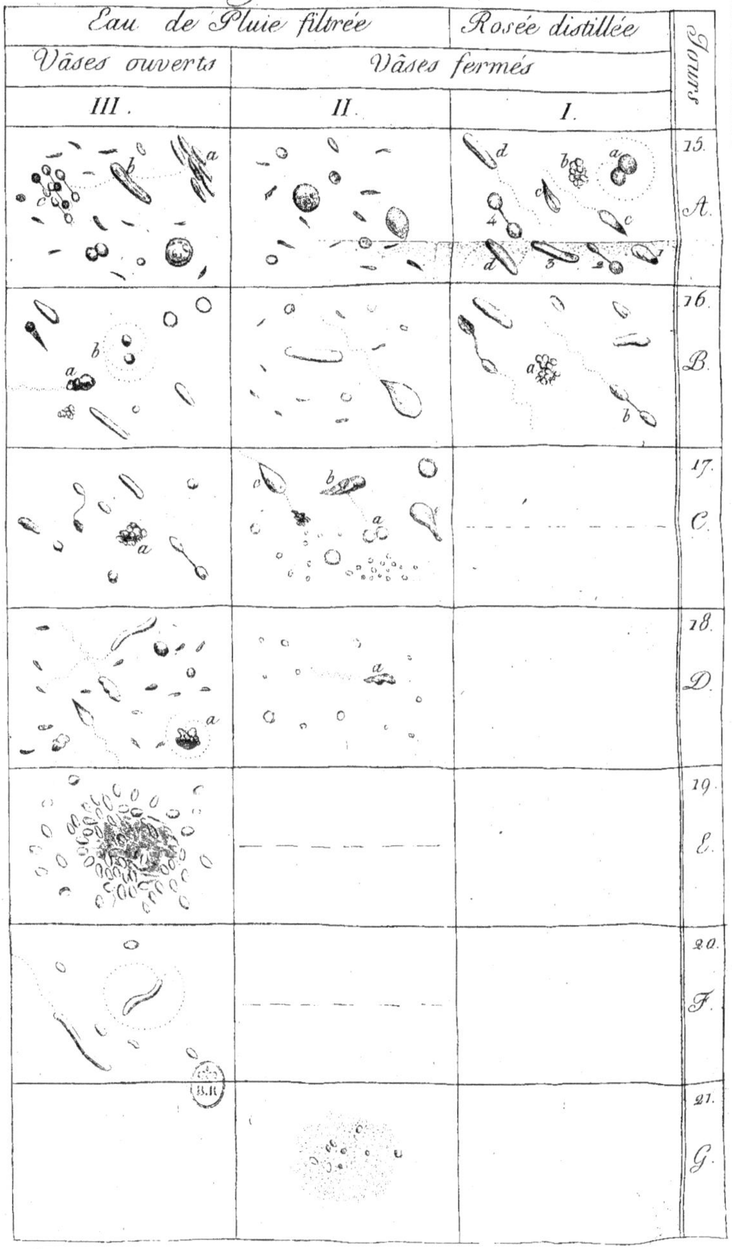

Eau de Pluie filtrée
Rosée distillée
Vâses ouverts
Vâses fermés
Jours
III.
II.
I.
15.
A.
16.
B.
17.
C.
18.
D.
19.
E.
20.
F.
21.
G.

Orge mis en expérience le 30 Juin.   Pl. XV.

Eau de Pluie filtrée.		Rosée distillée.	Jours
Vâses ouverts.	Vâses fermés.		
III.	II.	I.	
			1er Juillet A.
			2. B.
			3. C.
			4. D.
			5. E.
			6. F.
			7. G.

Bled de Turquie mis en observation le 30 Juin. Pl. XVI.
Eau de Pluie filtrée
Rosée distillée
Vâses ouvert
Vâses fermés
Jours
III.
II.
I.
1.er Juillet
A
b
a
2
B
b
a
a
3
C
a
a
b
4
D
5
E
a
a
6
F
7
G

Orge, mis en expérience le 14 Juin. Pl. XVII.
Eau de pluie filtrée
Rosée distillée
Vâses ouverts
Vâses fermés
Jours
III.
II.
I.
15.
A.
16.
B.
17.
C.
18.
D.
19.
E.
20.
F.
21.
G.

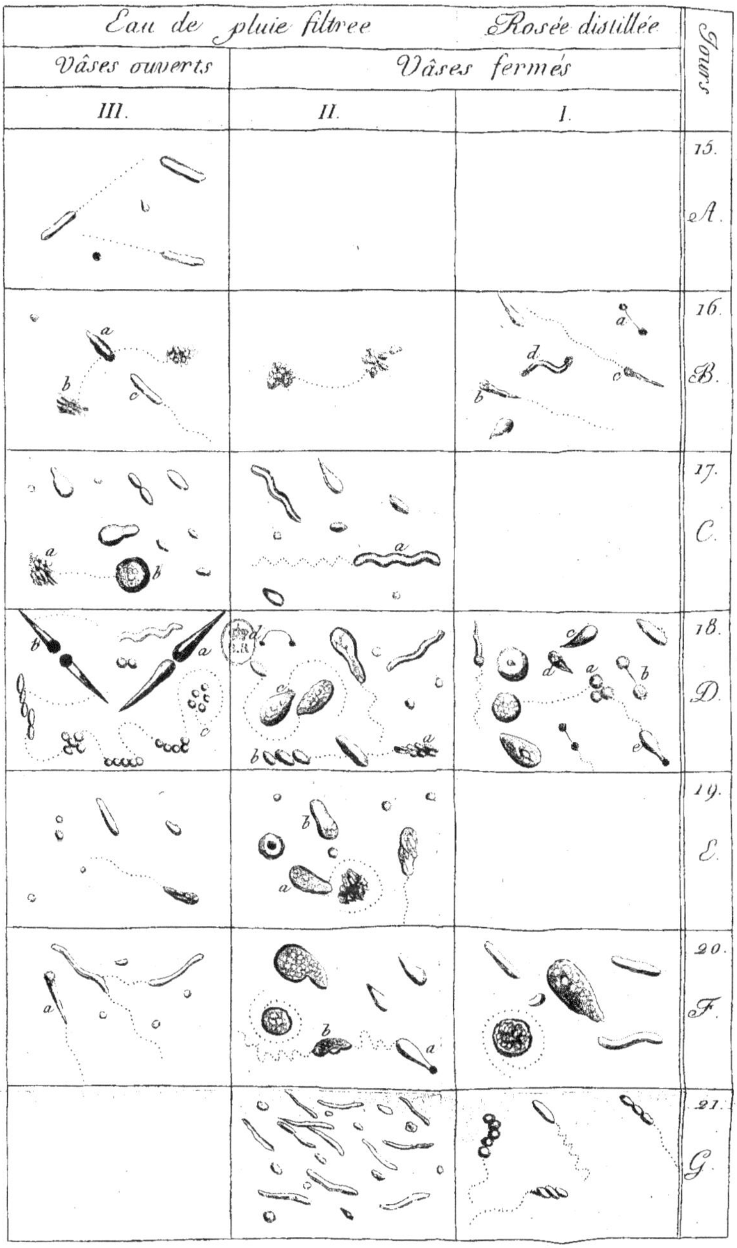

Eau de pluie filtrée		Rosée distillée	Jours
Vâses ouverts	Vâses fermés		
III.	II.	I.	
			1.er Juillet A.
			2. B.
			3. C.
			4. D.
			5. E.
			6. F.
			7. G.

Pois, mis en expérience le 14 Juin. Pl. XIX.

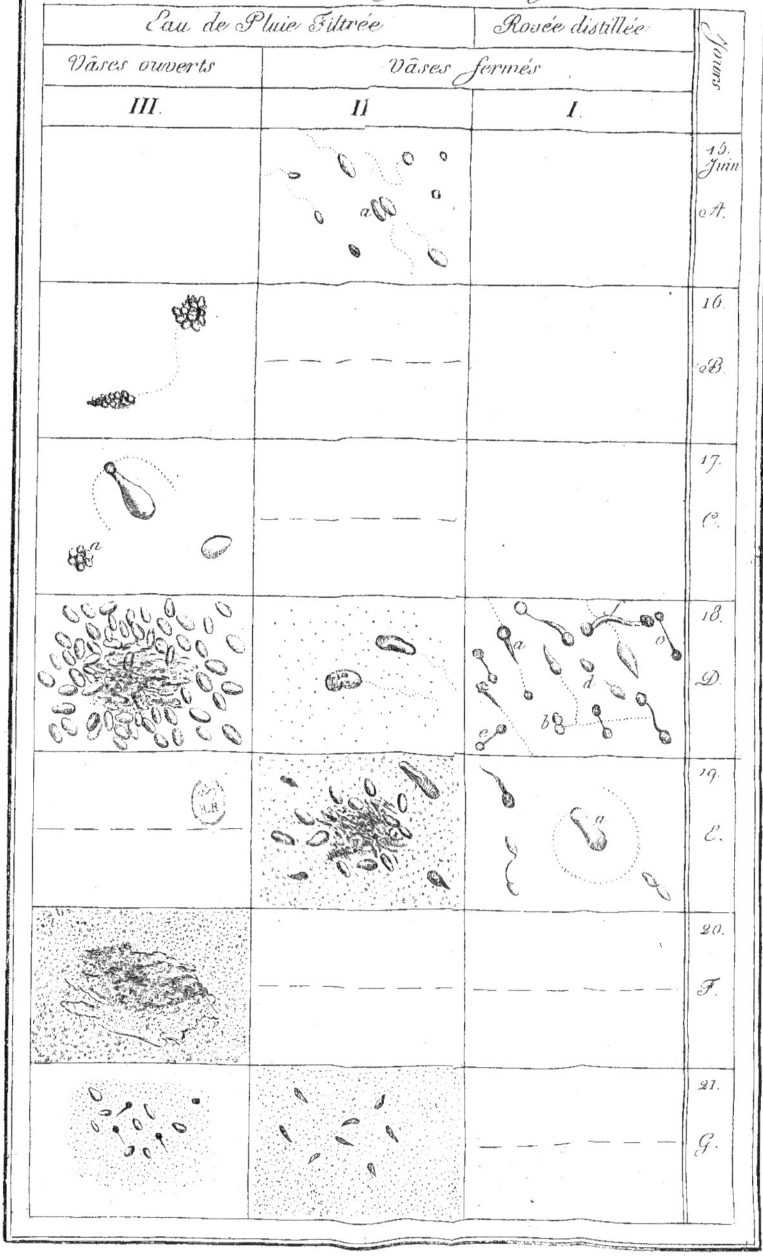

Eau de Pluie Filtrée
Rosée distillée
Jours
Vâses ouverts
Vâses fermés
III.
II
I.
15. Juin
A.
16.
B.
17.
C.
18.
D.
19.
E.
20.
F.
21.
G.

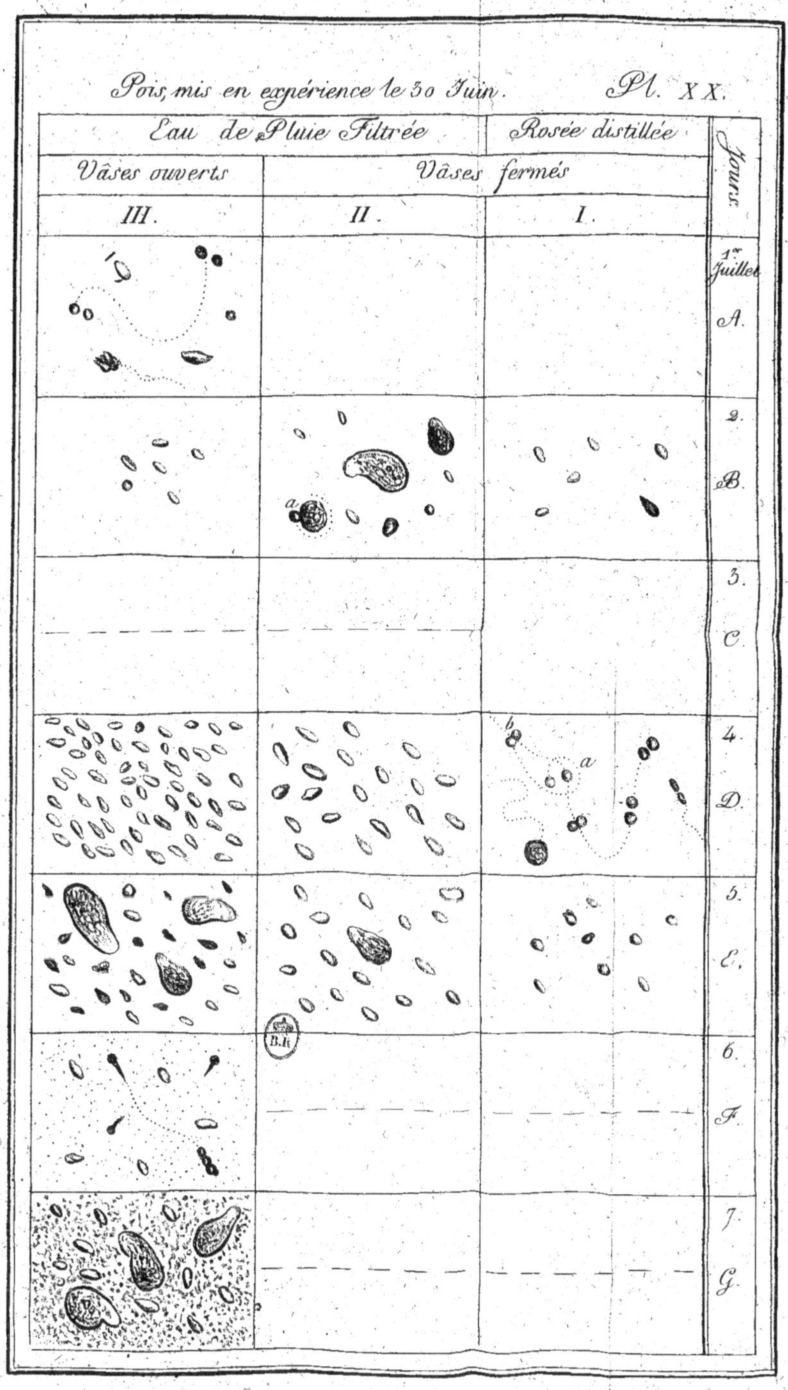

Pois, mis en expérience le 30 Juin.

Pl. XX.

Eau de Pluie Filtrée

Rosée distillée

Vâses ouverts

Vâses fermés

III.

II.

I.

Jours

1er Juillet

A.

2.

B.

3.

C.

a

b

a

4.

D.

5.

E.

6.

F.

7.

G.

Chennevis, mis en expérience le 14 Juin.
Pl. XXI.
Eau de Pluie filtrée
Rosée distilée
Vâses ouverts
Vâses fermés
Jours.
III.
II.
I.
15. Juin A.
16. B.
17. C.
18. D.
19. E.
20. F.
21. G.
B.R.
a
b

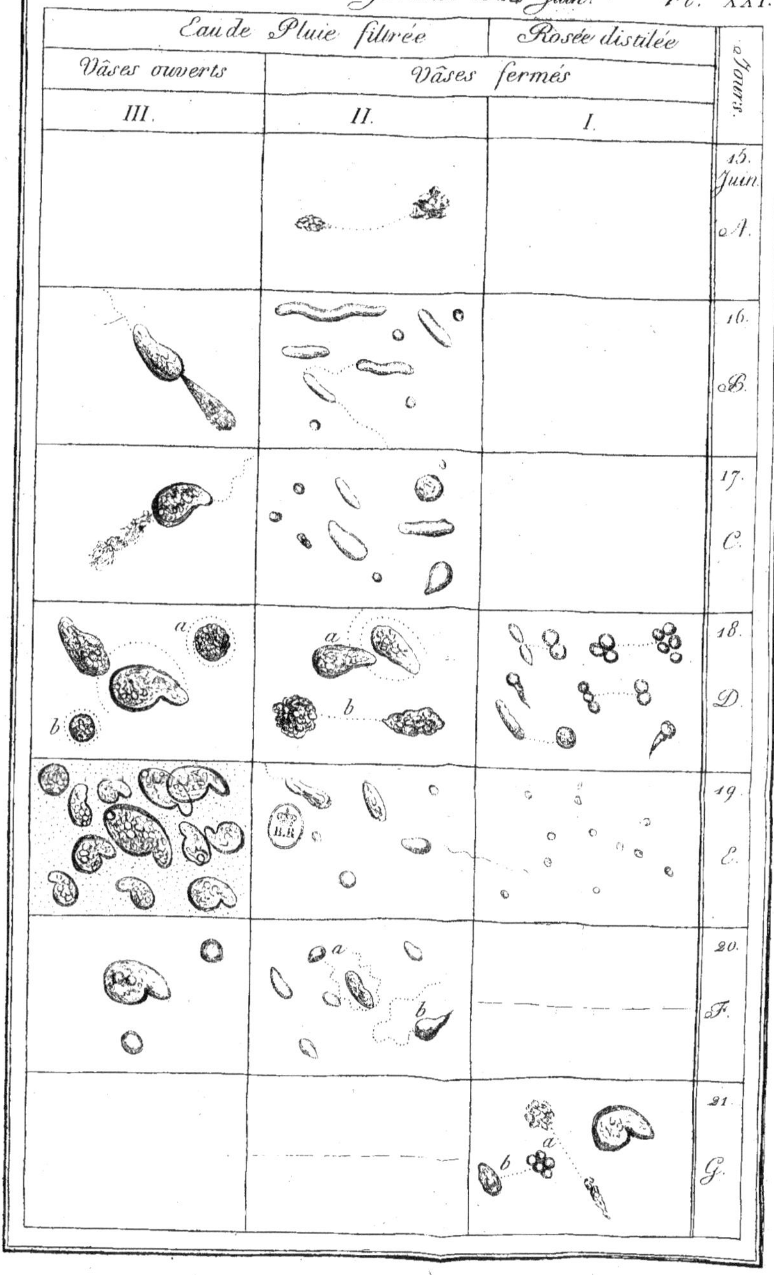

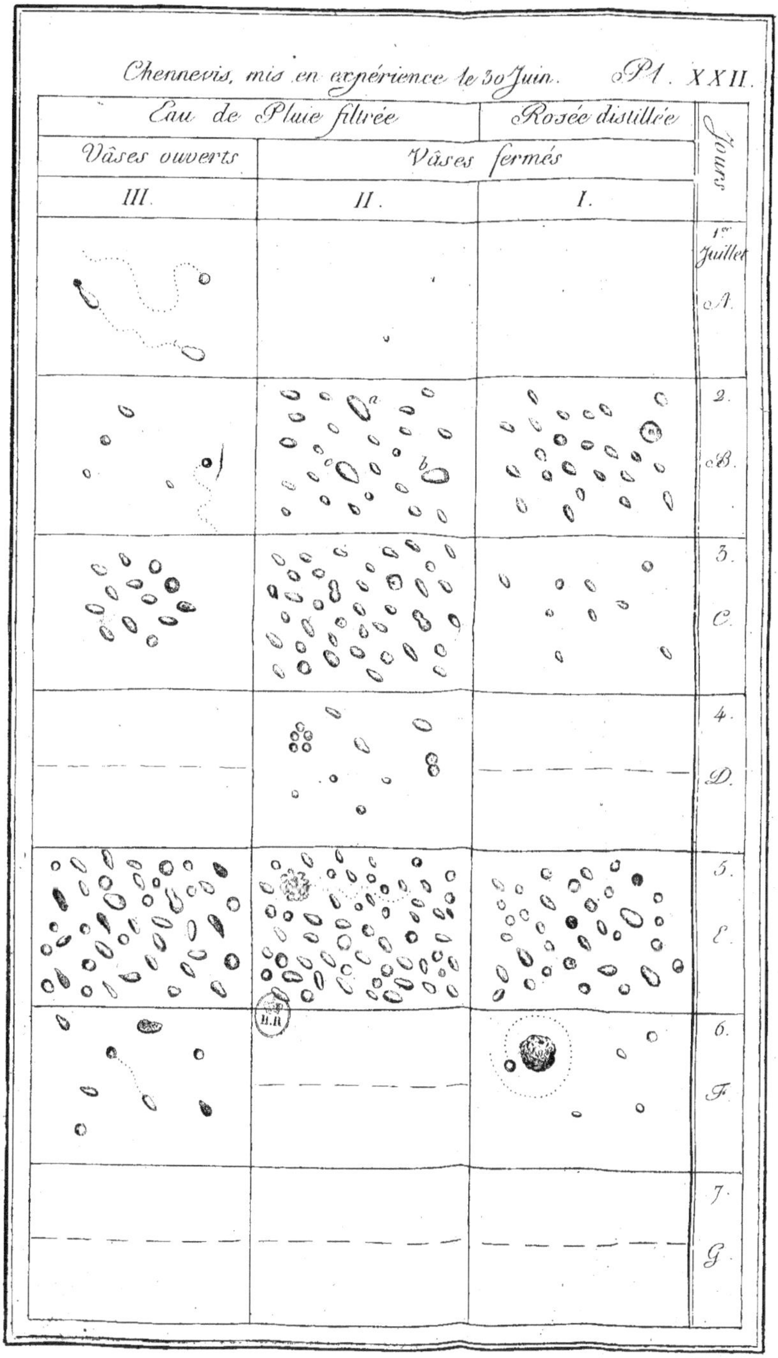
Eau de Pluie filtrée
Rosée distillée
Vâses ouverts
Vâses fermés
III.
II.
I.
Jours
1er Juillet
A.
2.
B.
3.
C.
4.
D.
5.
E.
6.
F.
7.
G.
a
b

Chennevis, mis en expérience le 30 Juin. Pl. XXII.

Eau de Pluie Filtrée mis en expérience le 14 Juin. Pl. XXIII.

Vâses ouverts
Vâses fermés
Jours
III.
II.
I.
15 juin.
A.
16.
B.
b
a
17.
C.
B.R
18.
D.

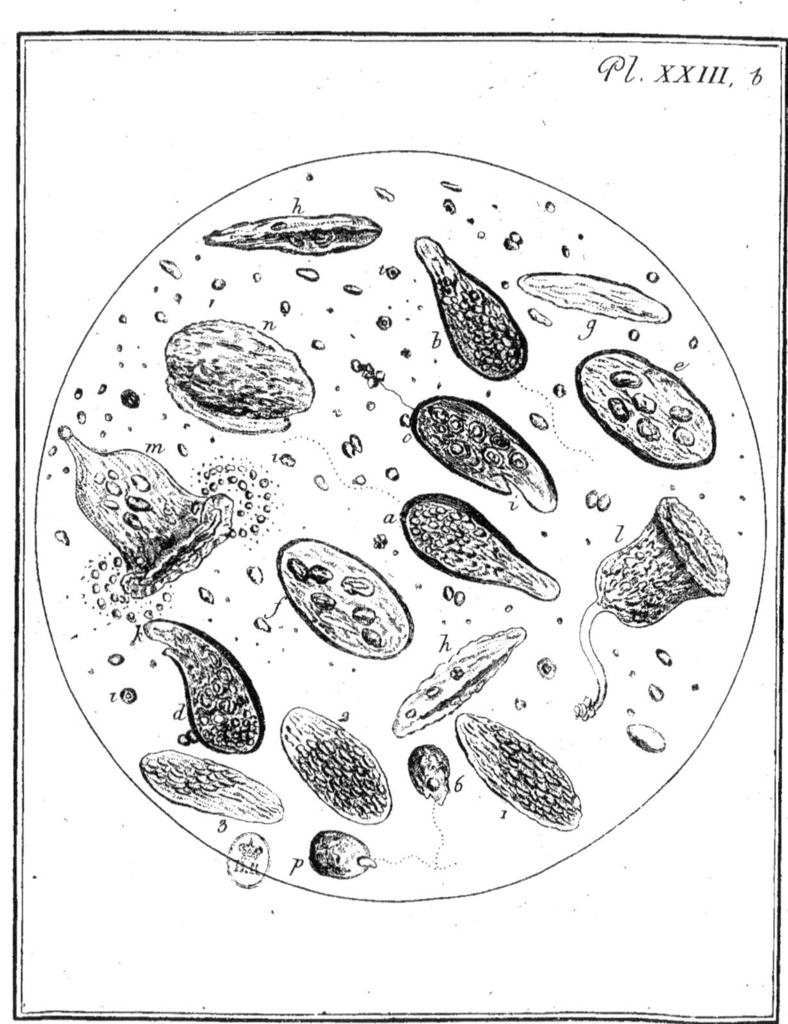

Pl. XXIII. b

Infusion d'eau de fontaine, mise en expérience le 1.er Août. *Pl. XXIV.*

Jours.	VAISSEAUX CLOS.		VAISSEAUX OUVERTS.	
	SANS MÉLANGE.	AVEC DE LA TERRE.	SANS MÉLANGE.	AVEC DE LA TERRE.
	I.	II.	III.	IV.
2.	Point de vie.	Point de vie.	Point de vie.	Point de vie.
3.	Six à huit animalcules ronds et ovales des plus petits.	Un peu plus gros que dans le N°. I, mais de même en petit nombre.	Plus gros que N°. II, plus agiles et plus nombreux, quelques petits trembleurs.	Nombre de très-petits animalcules ronds et agiles.
4.	Comme hier, mais augmenté.	Ont augmenté.	Point de vie.	Animalcules ronds immobiles, point de vie.
5.	Comme hier.	Quelques grosses pendeloques et quelques animalcules ronds.	Peu de points et quelques ovales peu distinctes, mouvement lent.	Comme hier.
6.	Quelques animalcules ronds, gros et petits, *fig.* 2, *Pl. XXVIII.*	Animalcules fort longs, minces et agiles, dont quelques-uns à demi-formés, *fig.* 3, *Pl. XXVIII.*	Point de vie.	Point de vie.
7.	Deux gros clairs et très-transparens, quelques-uns traînant après eux des globules très-agiles.	Quelques gros à demi-formés, vésicule immobile.	Point de vie.	Quelques longs animalcules, comme N°. II, 6e. jour, et *fig.* 3, *Pl. XXVIII.*
8.	Les pendeloques se sont alongées et amincies, très-agiles.	Point de vie.	Point de vie.	Point de vie.
9.	Quelques ronds, comme le sixième jour.	Quelques animalcules ronds et ovales, confus.	Peu d'animalcules ronds, et de points, fort petits.	Animalcules lents, *fig.* 5, *Pl. XXVIII*, quelques-uns se jetoient d'un côté sur l'autre, *Pl. XXVII*, *fig.* 10.
10.	Un gros de la petite espèce, point d'ovales ni de points.	Point de vie.	Point de vie.	Point de vie.
11.	Une paire de semblables à la précédente, quelques-uns ronds et ovales.	. . . .	. . . .	. . . .
12.	Peu d'ovales assez gros qui se contractoient et trembloient sans s'éloigner d'une même place.	. . . .	. . . .	. . . .
Les 13, presque plus de vie, et le 14, plus de traces de vie dans les quatre vaisseaux.				

Infusion d'eau de rivière, mise en expérience le 1er. Août. *Pl. XXV.*

Jours.	VAISSEAUX CLOS.		VAISSEAUX OUVERTS.	
	SANS MÉLANGE.	AVEC DE LA TERRE.	SANS MÉLANGE.	AVEC DE LA TERRE.
	I.	II.	III.	IV.
2.	Point de vie.	Point de vie.	Point de vie.	Point de vie.
3.	Quelques animalcules ronds et ovales.	Animalcules ronds et des ovales un peu plus petits qu'au N°. I.	Point de vie.	Quelques petits animalcules et ovales fort transparens.
4.	Point de vie.	Point de vie.	Plusieurs animalcules ronds fort petits et quelques *ovales* un peu plus gros.	Point de vie.
5.	. . . .	. . . .	Comme hier.	Un seul animalcule grand et assez gros, et quelques petits.
6.	Six à huit grosses *pendeloques* claires, dont quelques-unes un peu informes, *fig.* 4, *Pl. XXVIII.*	. . . .	Animalcules clairs, presque de moitié aussi gros que ceux de la *fig.* 5, *Pl. XXVIII.*	. . . .
7.	Les gros ont fort augmenté, ils sont fort transparens et agiles.	. . . .	Point de vie.	Cinq à six petits animalcules ronds, lents.
8.	Animalcules ronds qui, en parcourant le fluide, deviennent des ovales.	. . . .	Quelques animalcules ronds.	Point de vie.
9.	Point de vie.	. . . .	. . . .	Comme le 5e. jour.
10.	Deux *ovales* agiles.	Point de vie.	Point de vie.	Point de vie.
11.	Il parut encore un animalcule à demi-formé au N°. I.			
12.	Plus de vie dans aucun des quatre vaisseaux.			

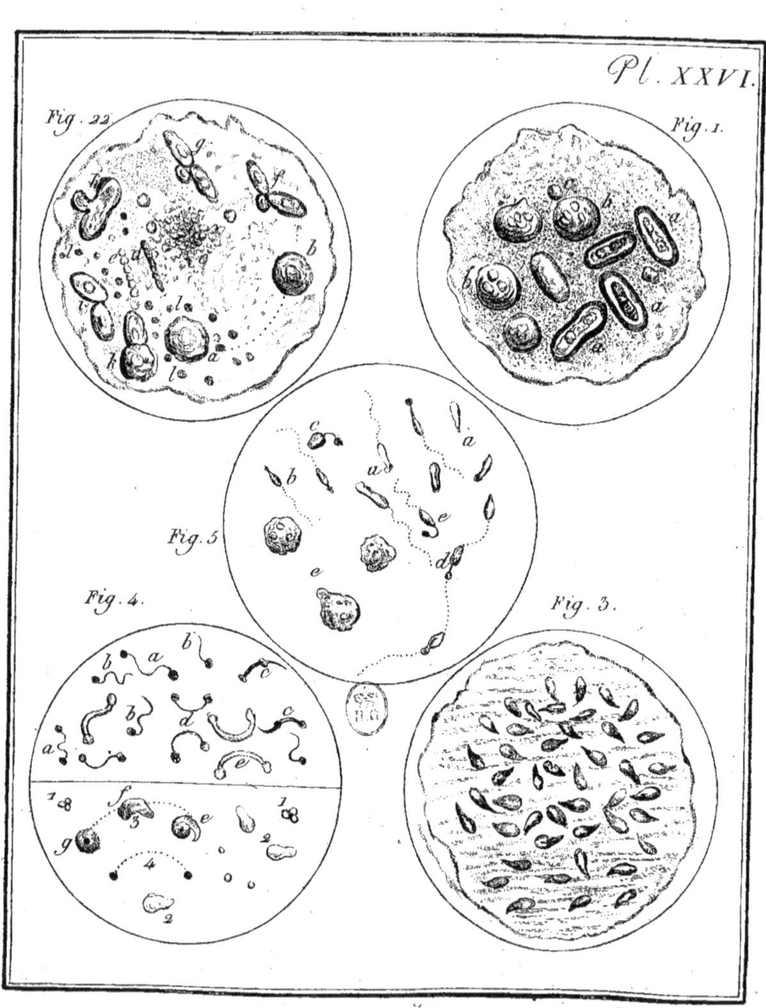

Pl. XXVI.
Fig. 22.
Fig. 1.
Fig. 5.
Fig. 4.
Fig. 3.

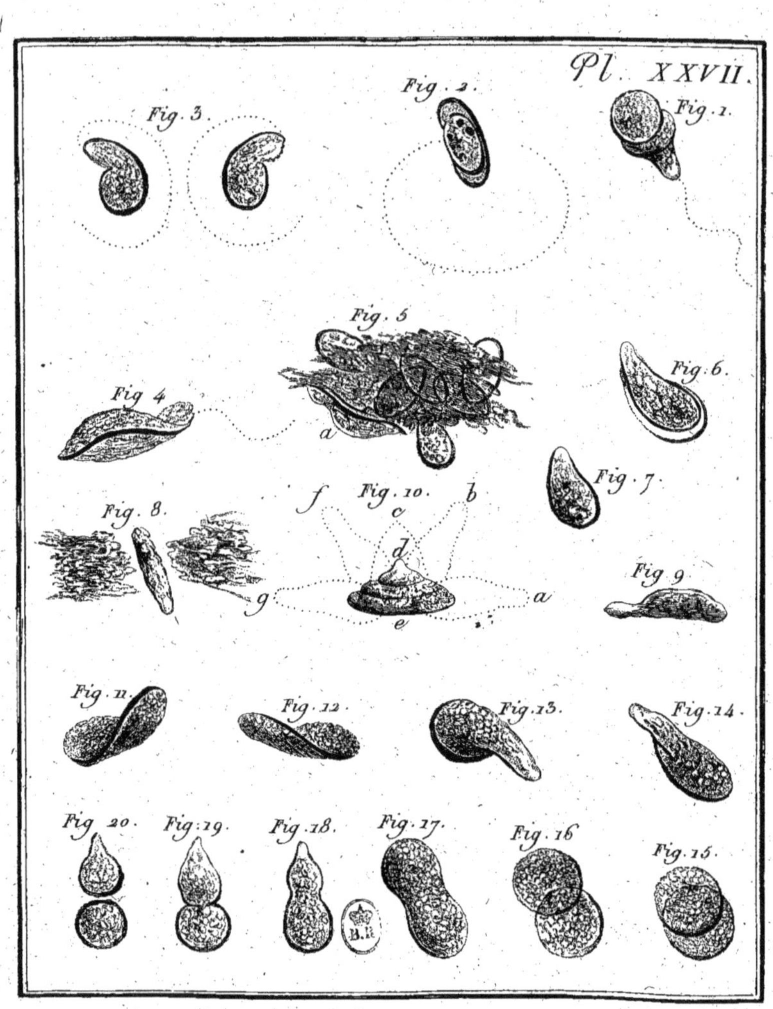
Pl. XXVII.
Fig. 1.
Fig. 2.
Fig. 3.
Fig. 4.
Fig. 5.
a
Fig. 6.
Fig. 7.
Fig. 8.
Fig. 10.
f
c
b
d
g
a
e
Fig. 9.
Fig. 11.
Fig. 12.
Fig. 13.
Fig. 14.
Fig. 20.
Fig. 19.
Fig. 18.
Fig. 17.
Fig. 16.
Fig. 15.

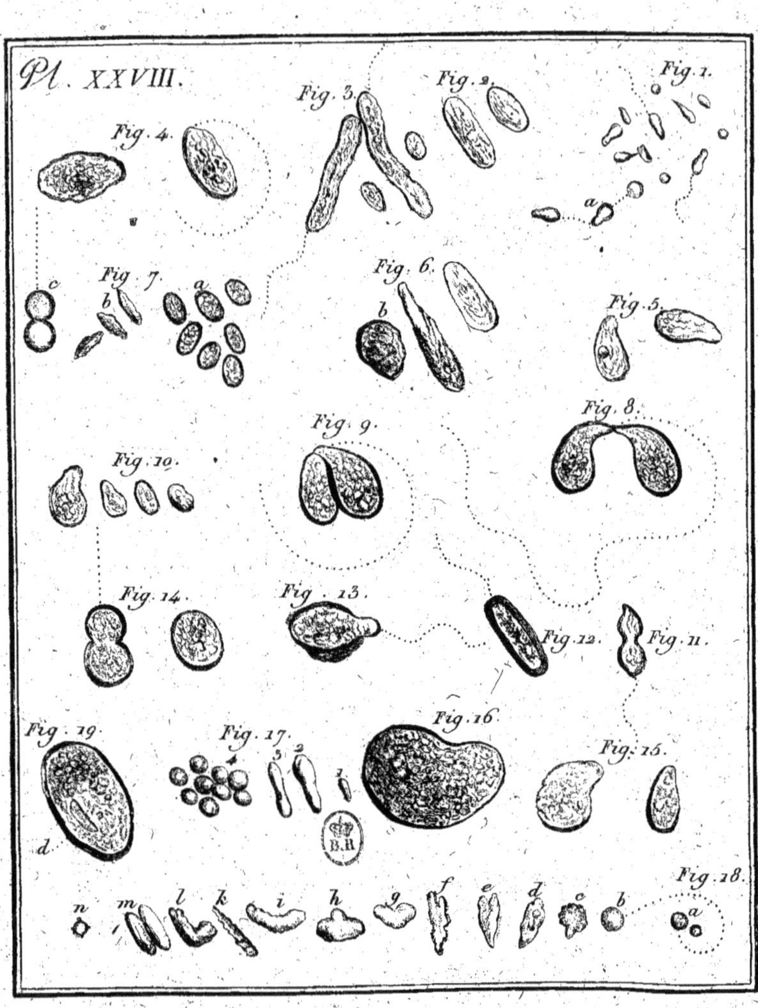
Pl. XXVIII.
Fig. 1.
Fig. 2.
Fig. 3.
Fig. 4.
a
Fig. 7.
Fig. 6.
Fig. 5.
b
a
c
b
b
Fig. 8.
Fig. 9.
Fig. 10.
Fig. 14.
Fig. 13.
Fig. 12.
Fig. 11.
Fig. 19.
Fig. 17.
Fig. 16.
Fig. 15.
4
3
2
5
1
B.R.
d
Fig. 18.
n
m
l
k
i
h
g
f
e
d
c
b
a

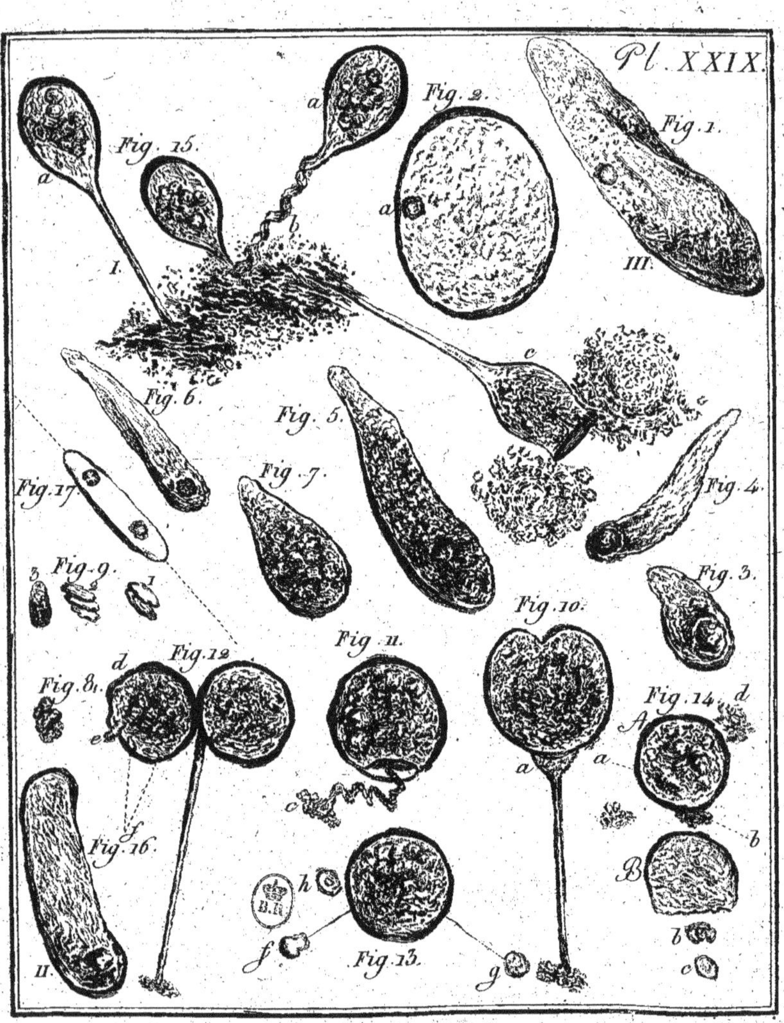

Pl. XXIX.
Fig. 1.
Fig. 2.
Fig. 3.
Fig. 4.
Fig. 5.
Fig. 6.
Fig. 7.
Fig. 8.
Fig. 9.
Fig. 10.
Fig. 11.
Fig. 12.
Fig. 13.
Fig. 14.
Fig. 15.
Fig. 16.
Fig. 17.

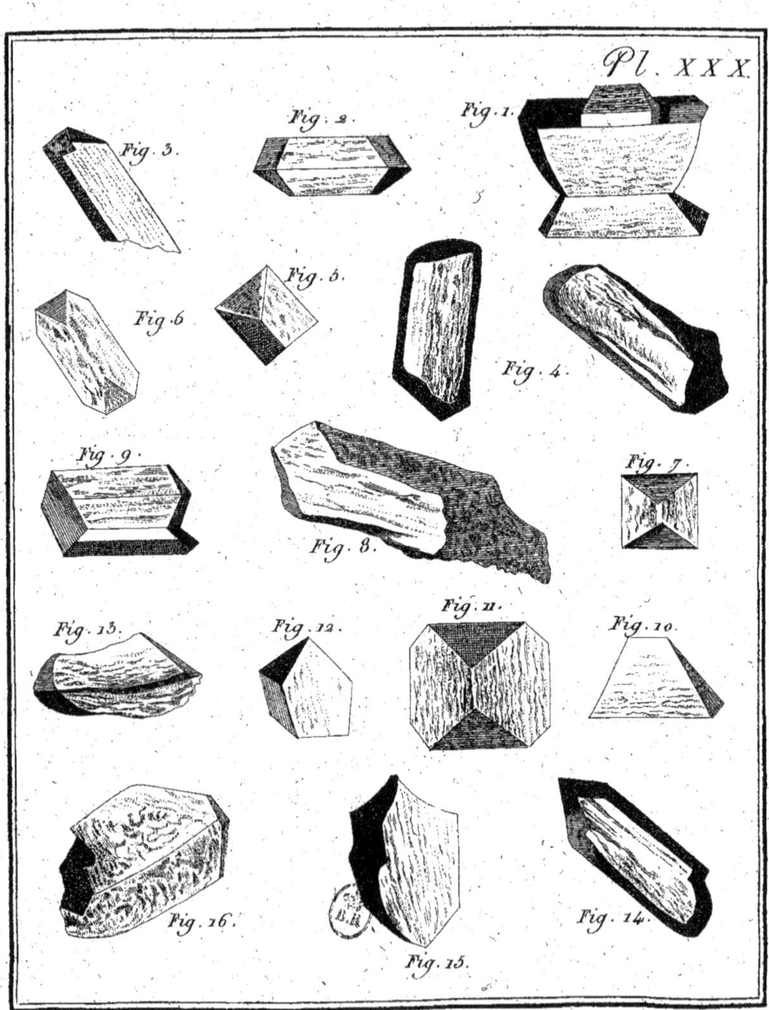

Pl. XXX.
Fig. 1.
Fig. 2.
Fig. 3.
Fig. 4.
Fig. 5.
Fig. 6.
Fig. 7.
Fig. 8.
Fig. 9.
Fig. 10.
Fig. 11.
Fig. 12.
Fig. 13.
Fig. 14.
Fig. 15.
Fig. 16.

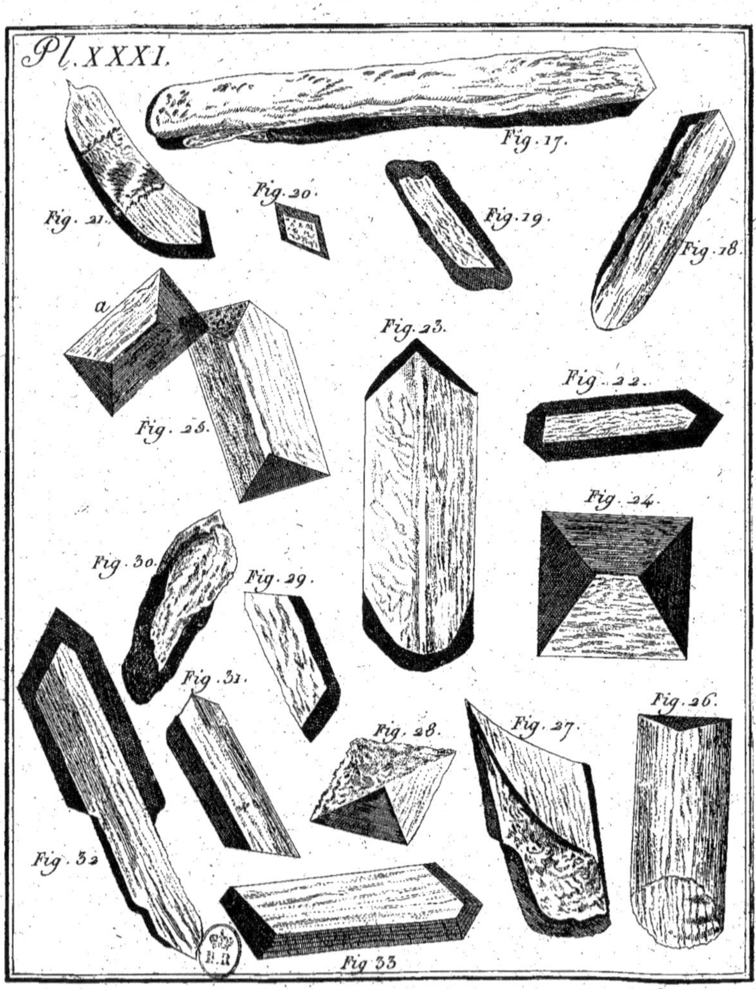
Pl. XXXI.
Fig. 17.
Fig. 20.
Fig. 19.
Fig. 18.
Fig. 21.
a
Fig. 25.
Fig. 23.
Fig. 22.
Fig. 24.
Fig. 30.
Fig. 29.
Fig. 26.
Fig. 31.
Fig. 28.
Fig. 27.
Fig. 32.
Fig. 33.

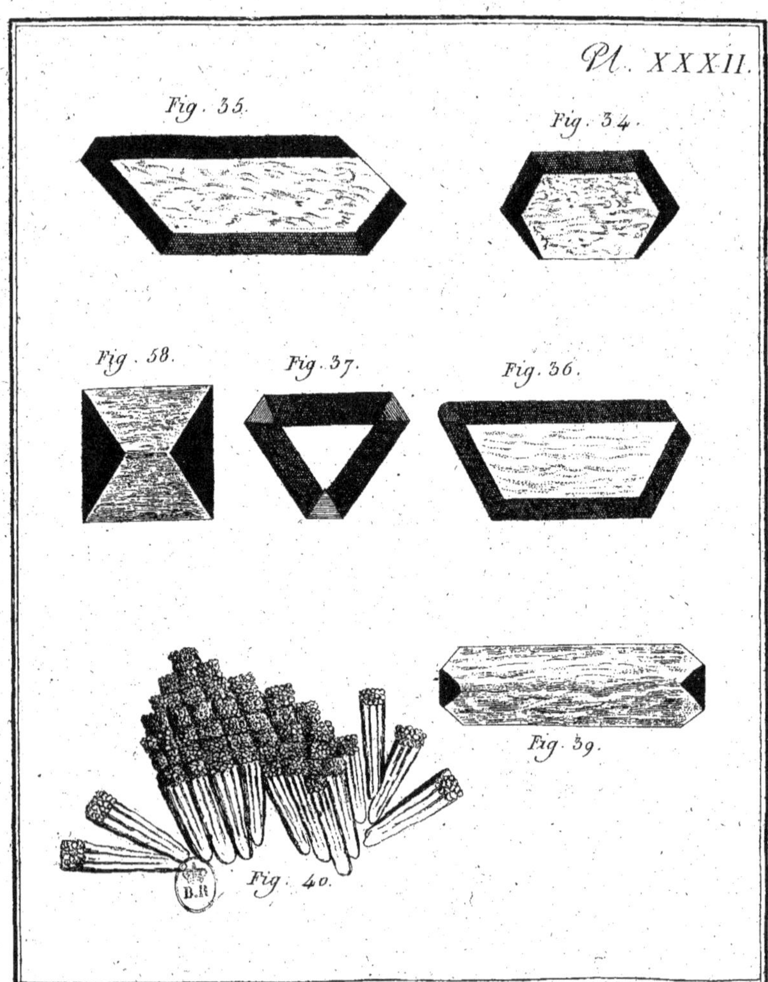

Pl. XXXII.
Fig. 35.
Fig. 34.
Fig. 38.
Fig. 37.
Fig. 36.
Fig. 39.
Fig. 40.
B.R